인천 물류 공부

인천항에서
인천공항까지

인천 물류 공부

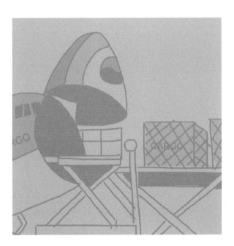

정운 지음

인천항에서
인천공항까지

바른북스

인천을 '물류 도시'라고 불러도 거창하거나 부자연스럽지
않다. 인천국제공항은 국내외를 오가는 항공 화물 99%를 처
리한다. 인천항의 컨테이너 물동량은 부산항에 이어 두 번째
로 많다. 교역액 기준으로는 국내 최대 수출입 화물이 오가는
도시이지만 인천을 '물류 도시'라고 부르는 이들은 많지 않
다. '물류'라는 단어가 일상과 가깝지 않기 때문일 것으로 추
정된다.

최근엔 이 단어가 일상과 부쩍 가까워졌다. '물류'라는 단
어가 뉴스를 장식하는 날이 많아졌다. 코로나19라는 특수한
상황은 우리의 삶을 송두리째 바꿔놓았다. 그중 하나가 배

달·배송 문화가 확산했다는 점이다. 쉽게 외출하기 어려운 분위기 속에서 사람들은 배달음식을 먹었고, 생필품 등을 인터넷을 통해 주문했다. 이전에도 이러한 방식은 널리 퍼져 있었지만, 코로나19 영향으로 배달·배송 시장의 규모는 급속도로 커졌다. 관련 기업들도 몸집을 키웠다.

2022년 11·12월엔 화물연대 파업이 있었다. 화물연대 파업으로 컨테이너 운송이 영향을 받았다. 정부는 국가 경제가 큰 손실을 입었다는 점을 강조하기도 했다. 뉴스에서는 인천항과 부산항 등 컨테이너 부두의 모습을 비췄다.

각각의 상황은 다르지만 '물류'라는 산업이 우리 사회에서 차지하는 중요성을 말해주는 데에는 부족함이 없을 것으로 보인다.

공항과 항만은 가장 중요한 물류 인프라다. 특히 북쪽이 휴전선으로 막혀 있는 우리나라는 섬과 같은 상황이다. 수출입을 주력으로 하고 있어, 항만과 공항이 국가 경제에서 차지하는 비중이 절대적이다. 공항과 항만을 거치지 않은 일상용품을 찾아보기 어려울 정도다. 농산물처럼 국내에서 재배·소비되는 품목도 이를 재배하기 위해 사용되는 사료와 농기구 등으로 범위를 확대하면 '순수 국내산'이라고 보기 어렵다.

이 책은 공항과 항만에서 어떤 물류 활동이 이뤄지는지를 다룬다. 경제부 기자로 일하면서 얻은 경험과 지식·정보 등을 토대로 썼다. 전문가가 아니기 때문에 학술적이지 않다. 일종의 '인천 물류 소개서' 정도로 보면 될 것 같다. 책을 읽어 내려가는 데에는 어려움이 크지는 않을 것으로 기대한다.

책은 크게 '인천항 톺아보기', '인천공항 톺아보기', '물류 톺아보기' 세 부문으로 구성됐다. '톺아보기'는 "자세히 살피다"라는 뜻을 가진 순우리말이다. 마지막 부문은 인천항과 인천공항이 모두 포함됐거나, 두 가지에 속하지 않는 물류 관련 이야기다.

형식은 문답식으로 정리했다. 최대한 가독성을 높이기 위해 스스로 묻고 답하는 형식을 빌렸다. 읽는 분들이 어떤 평가를 내릴지 궁금하다.

물류에 대해 아주 작은 관심을 가지고 있는 분들에게 도움이 되길 바라는 마음으로 책을 펴냈다. 이 책을 읽는 분들이 새로운 정보를 하나라도 얻어가길 하는 바람이다.

책 내용의 토대는 2021년 8월부터 2022년 4월까지 경인일보 홈페이지(www.kyeongin.com)에 게재된 '정운의 인천물류 톺아보기'라는 이름의 시리즈 기사다. 책은 기사를 일부 수정·보완해 펴냈다. 이 책에 나온 사진은 대부분 경인일보DB의 자료를 활용했다. 기사를 작성하면서 인천항만공사와 인천국제공항공사 도움을 받았다.

일 러 두 기

────── 이 책은 경인일보에 게재된 '정운의 인천물류 톺아보기'를 재편집 · 수정
하여 엮었습니다. 출처가 표기되지 않은 사진은 경인일보DB의 사진입니다.

책을 펴내며

인천항 톺아보기

바다 위의 버스 노선 '컨테이너 항로'　　014

인천항의 큰손님 '대형 선박'　　022

인천항 '돌핀'　　031

공 컨테이너를 따라가면 물류가 보인다　　039

컨테이너를 가득 채운 화물의 주인은 몇 명일까　　045

항만물류 상징 '컨테이너 크레인'도 자동화가 대세　　051

교역 · 관광 두 마리 토끼 쫓는 한중카페리　　060

'항로 자유화'란 무엇일까　　068

항만의 경쟁력 좌우하는 '배후단지'　　075

탄소 배출 줄이는 '연안 해운 물류'　　084

인천공항 톺아보기

국내 항공 물류 핵심 인프라 '화물터미널'   094

빠르지만 비싼 운송수단 '화물 항공기'   102

항공기도 '수리센터'가 있다? 'MRO 산업'   110

속속 들어서는 '글로벌 배송센터(GDC)'   119

환적이 공항 · 항만의 경쟁력   125

하늘과 바다는 연결돼 있다 Sea&Air   134

화물도 FRESH한 게 좋다   140

하늘에도 국경은 있다 '항공 자유'   149

신기술, 하늘에 새 그림을 그리다   152

물류 톺아보기

물류 서비스는 누가 맡는 게 좋을까   **162**

에너지 공급·수요의 거점 '항만과 공항'   **170**

물류 거점의 친환경 바람   **177**

물류 모세혈관 '화물차'   **185**

자율주행에 가장 최적화된 분야 '물류'   **193**

물류의 중요성 부각된 2021년   **201**

인천은 '남북 교류 거점'의 최적지   **209**

인천 · 물류 · 공부 ——————————

인천항 톺아보기

I

바다 위의 버스 노선
'컨테이너 항로'

항로는 선박이 이용하는 길입니다. 항공기가 이동하는 경로도 '항로'라고 표현합니다. 이번에는 선박을 중심으로, 항로 중에서도 '컨테이너 항로'를 살펴보겠습니다. 2021년 하반기부터 2022년 상반기엔 수출입 기업들이 물건을 실을 선박을 구하지 못해 어려움을 겪었습니다.

전 세계적으로 선박 공급이 부족해졌고, 선박 수는 정해져 있는데 원하는 기업이 많다 보니 선박 운임은 천정부지로 치솟았습니다. 모두 컨테이너 항로 이야기입니다. 예를 들어 외국에서 온 의류, 전자제품, 과일, 가공식품 등 우리 생활과 밀접히 연관된 물건들은 컨테이너에 실려, 항로를 따라서 국내 항만에 와야 우리 손에 올 수 있습니다. 수출의 경우도 마찬가지입니다.

컨테이너 항로는 컨테이너를 실은 짐들이 이동하는 경로입니다. 선박을 운용하는 선사들이 여러 항만을 정해진 코스, 정해진 시간에 운항합니다. 이 때문에 "정기 컨테이너 항로"라고 표현하기도 합니다. 기차와 고속버스 등이 정해진 시간에 출발하는 것과 비슷한 개념입니다. 국내 항만 중에는 부산항의 컨테이너 물동량이 가장 많고, 다음이 인천항입니다. 컨테이너 항로 수도 마찬가지입니다. 2021년 인천항만공사는 2005년 36개였던 컨테이너 항로가 66개로 늘어났다고 발표하기도 했습니다.

～ 인천항 남항 컨테이너 부두에 선박이 접안해 있다.

Q. 컨테이너 항로는 구체적으로
어떤 방식으로 운영되나요?

A. 예를 들어볼까요. 2021년 6월 24일 중국 선사 SITC는
'CVS(China Korea Vietnam)'라는 이름의 컨테이너 항로 운영
을 시작했습니다. SITC는 이 항로에 선박 3척을 투입했습
니다. 노선은 '인천→중국 다롄→톈진→칭다오→상하이→
닝보→베트남 호찌민→퀴논→중국 샤먼'입니다. 샤먼에서
인천으로 돌아와 다시 코스를 시작합니다.

버스 노선처럼 3대의 선박이 정해진 코스를 순환하며 이동
하는 겁니다. 인천에는 주 1회 기항하도록 설계됐습니다.
이 노선을 이용해 제품을 수출하고 싶은 기업은 기항 일정
에 맞춰 준비하면 됩니다.

각 기항지에서 일부 화물을 내리고, 추가로 싣는 과정을 반
복합니다. 예를 들어 인천에서 실은 짐을 대련에서 내릴 수
도, 더 지나서 상하이에서 하역할 수도 있습니다. 컨테이너
를 배에 실은 때는 어느 항만에 내릴지를 고려해 배치합니
다. 뒤에 내리는 것을 선박 하단에 배치하는 식입니다.

다른 컨테이너 항로도 동일한 방식으로 운영됩니다. 기항
지(항만)와 투입 선박의 수 등은 차이가 있을 수 있지만, 비

슷한 과정입니다. 미국이나 유럽을 오가는 항로도 마찬가
지 방식입니다.

Q. 인천항을 오가는 컨테이너 항로는 몇 개인가요?
주로 어디를 기항하나요?

A. 인천항을 기항하는 컨테이너 항로는 2021년 8월 기준으로
56개입니다. 인천과 중국을 오가는 한중카페리도 컨테이너
를 싣고 다니기 때문에 이를 컨테이너 항로로 보면 66개가
됩니다. 한중카페리를 포함하면 인천항에는 1주일에 89척
의 컨테이너선이 들어옵니다. 앞에서 설명한 CVS 항로처
럼 주 1회 오는 항로도 있고 주 2~3회 들어오는 선박도 있
습니다. 이들 항로에 투입되는 선박은 모두 192척입니다.

인천항은 세계 70개 항만과 컨테이너 항로로 연결돼 있습니
다. 이 중 중국 내 항만이 25개로 가장 많습니다. 인천항 컨
테이너 물동량 중 60%가 중국을 오가는 화물입니다. 상하
이, 칭다오, 닝보, 엔타이, 웨이하이 등입니다. 다음으로 많
은 곳은 일본으로, 12개 항만과 연결돼 있습니다. 말레이시
아와 필리핀은 각각 5개 항만을 오갑니다. 베트남, 대만 항
만과는 4곳씩 연결돼 있습니다. 아시아를 제외하면 러시아
(2개), 미국(2개), 아프리카(4개)를 오가는 항로가 있습니다.

Q. 연결된 항만 숫자가

교역량과도 비례하나요?

A. 그렇지 않습니다. 인천항과 연결된 항만이 많은 국가라고
해서 물동량도 많은 건 아닙니다. 중요한 것은 기항 횟수입
니다. 인천과 가장 많은 교역이 이뤄지는 나라는 중국 다음
으로 베트남입니다. 말레이시아와 필리핀은 베트남보다 더
많은 항만이 연결돼 있지만 물동량은 베트남이 더 많습니
다. 이는 기항 횟수 차이 때문입니다.

인천항을 경유하는 모든 항로의 기항지(중복 포함)를 모두
나열하고 이를 국가별로 구분하면 중국이 가장 많습니다.
다음은 베트남이 됩니다. 중국 다음으로 베트남의 물동량
이 많은 이유입니다.

Q. 우리나라는 미국·유럽 수출이 많은데 인천항은

왜 유럽과 연결된 항로가 없나요?

A. 인천의 지리적 상황에 영향을 받았다는 의견이 있습니다.
인천은 중국과 마주하고 있는 형상입니다. 미국이나 유럽
을 가기 위해서는 남해까지 내려갔다가 대양(大洋)으로 나
가야 하는데 비효율이 발생할 수 있습니다. 이 때문에 미

국·유럽을 오가는 항로는 부산항에 집중돼 있고, 중국과 동남아를 오가는 노선은 인천항이 활성화돼 있습니다.

Q. 인천항은 부산항보다 작은데,
대형 선박이 못 오는 건 아닌가요?

A. 틀린 이야기는 아닙니다. 항만시설도 항로 개설에 영향을 미칩니다. 미국·유럽을 오가는 화물선은 점점 대형화되고 있습니다. 부산항엔 2만 3천TEU급 선박까지도 오고 갑니다. 1TEU는 20피트 컨테이너 1대분입니다. 도로에서 볼 수 있는 트럭에 실린 컨테이너는 40피트가 많습니다. 2만 TEU급 선박은 40피트짜리 컨테이너 1만 개를 실을 수 있는 배입니다.

대형 화물선이 안전하게 항만에 접안하기 위해서는 충분한 수심이 필요합니다. 부산항은 최대 20m까지 수심을 확보하고 있지만, 인천항은 최대 16m에 불과합니다. 이 때문에 인천항은 1만 5천TEU급 이상의 선박이 오가기 어렵습니다.

Q. 인천항은 앞으로도 유럽으로 가는 컨테이너선이
안 오는 건가요?

A. 그렇진 않습니다. 인천항도 유럽 항로 개설이 필요하다는 의견이 많습니다. 특히 수출입 기업들은 인천 등 수도권에 많습니다. 이들 기업이 유럽에 제품을 수출하려면 부산까지 짐을 옮겨야 하고, 수입 화물도 마찬가지로 육상 수송이 필요합니다. 이 과정은 비효율적입니다. 물류 비용과 시간이 많이 드는 데다, 도로 파손과 온실가스 발생 등 사회적 비용도 크다는 의견이 있습니다. 이 때문에 인천항에도 유럽 항로가 필요합니다.

항로 개설은 선사가 결정합니다. 선사는 선박 운용의 효율성, 물동량 규모 등을 토대로 기항지를 정합니다. 인천항만 공사 등은 유럽·미국 항로를 유치하기 위해 노력하고 있습니다.

Q. 컨테이너에 싣지 못하는
화물은 어떻게 운송하나요?

A. 컨테이너를 이용하지 않고 운송하는 화물 종류도 많습니다. 대부분 원자재에 해당하는 것들입니다. 유류, 원목, 철

광석, LNG 등입니다. 인천항은 곡물도 많은 양을 수입합니다. 컨테이너에 싣지 않는 화물을 '벌크 화물'이라고 부릅니다. 벌크 화물을 싣는 벌크선은 대부분 정기 항로가 아닌 단발성으로 운영됩니다.

예를 들어 유류를 가득 싣고 온 유조선은 인천 북항에 있는 부두로 오곤 합니다. 이 유류를 모두 하역하는 데 3~4일 걸립니다. 원유를 모두 내린 선박은 어떻게 할까요? 그냥 빈 배로 다시 산유국으로 갑니다. 이 때문에 원유 수송은 비정기적으로 합니다.

컨테이너선이 시내버스처럼 순환한다고 하면, 벌크선은 전세버스와 비슷합니다.

Q. 컨테이너에 싣지 않는 화물은
어떤 것들이 있나요?

A. 인천항에서 처리하는 '비컨테이너 화물' 중 대표적인 것은 원유, 항공유, LNG, 철재, 목재, 곡물, 중고차 등입니다. 이 중 중고차는 전국 수출량의 80% 이상이 인천항에서 처리됩니다. 항공유는 인천국제공항을 오가는 항공기에 쓰입니다. 인천공항 인근에는 항공유를 저장하는 저유소가 있습니다.

인천항의 큰손님
'대형 선박'

항공기가 가장 빠른 운송수단이라면 선박은 가장 크고 저렴한 운송수단입니다. 우리나라 교역에서 무게를 기준으로 하면 해상 운송이 차지하는 비율은 99.7%에 이릅니다. 교역 금액을 기준으로 하면 항공 운송의 비중은 20% 안팎으로 올라가지만, 무게 기준은 0.3%에 불과합니다. 그만큼 해상 운송의 중요성은 크다고 할 수 있습니다. 우리나라뿐 아니라 세계적으로도 해상 운송의 비중은 압도적입니다. 이는 지형과도 연관돼 있습니다. 지구 표면의 71%가 바다로 이뤄져 있기 때문입니다.

지구 면적은 5억1천100만㎢ 정도인데, 이 중 71%인 3억6천만

km^2가 바다로 이뤄져 있습니다. 바다 면적이 넓다 보니 바다를 이용한 운송이 활성화한 것으로 볼 수 있습니다. 부피의 제한을 크게 받지 않고, 많은 화물을 한 번에 운송할 수 있다는 것도 장점입니다. 저렴한 운송 가격도 해상 운송의 비율을 높이는 데 영향을 미쳤습니다.

인천항은 국내 2위 컨테이너 항만입니다. 인천항에서 처리되는 화물 중 컨테이너 화물을 제외한 벌크 화물 물동량도 연간 1억t에 달합니다. 벌크 화물은 '비컨테이너 화물'이라고 불리기도 합니다. 다양한 종류의 선박들이 매일 인천항을 오갑니다. 이들 선박에 실린 화물은 곡물, 원유, 전자제품, 자동차, 의류, 식품, 목재 등 다양합니다.

~ 원유운반선 VLCC가 인천대교를 통과하고 있다.

Q. 컨테이너에 실리는 화물은
어떤 것들이 있나요?

A. 컨테이너선은 대표적인 화물선입니다. 가로로 긴 사각기둥 모양의 컨테이너에 실리는 화물도 다양합니다. 전자제품, 생활·주방용품, 의류, 기계류, 자동차, 식품류까지 컨테이너에 실립니다. 컨테이너에 싣는 화물의 종류도 늘어나고 있습니다. 점차 더 많은 화물이 '컨테이너 화물'로 바뀌고 있는 것입니다. 목재류는 대표적인 비컨테이너 화물이었으나, 최근엔 가공목재가 컨테이너에 실리고 있습니다. '돌덩이'도 컨테이너에 싣고 다닌다는 말이 나올 정도입니다. 컨테이너 선박이 많아지고, 노선이 다양화되면서 '비컨테이너 화물'의 '컨테이너화'는 이어지고 있습니다. 일상생활에서 사용하는 물건 대부분은 컨테이너에 실린다고 해도 틀리지 않을 것입니다. 그럼에도 아직 컨테이너를 이용하지 않는 화물도 있습니다.

Q. 화물선 중 컨테이너 선박 외에
다른 선박은 어떤 종류가 있나요?

A. 컨테이너에 실리지 않는 대표적 화물이 원유와 LNG 등 에너지 관련 화물입니다. 인천항 북항 위쪽으로 대한항공 부

두와 SK인천석유화학 부두가 있습니다. 이들 부두는 다른 부두와 달리 원유운반선만 접안합니다. 인천 송도국제도시에 있는 LNG 부두도 LNG 운송선박만 오갑니다. 이들 화물은 액체라는 특징이 있습니다. 굳이 컨테이너에 나눠 담을 필요가 없는 것입니다. 큰 규모의 통에 한꺼번에 담는 것이 적재와 하역 모두 편리합니다. 이 때문에 액체류는 컨테이너화가 이뤄지지 않는 대표적 화물입니다.

대부분의 원목과 철재 화물, 자동차 등도 컨테이너에 실리지 않습니다. 특히 인천항은 전국 중고차의 80%를 처리하는 중고차 수출 대표 항만입니다. 이들 차량은 자동차운반선에 실려 각 나라로 향합니다.

Q. 인천항을 오가는 선박 중에
가장 큰 선박은 무엇인가요?

A. 인천 서구에 있는 SK인천석유화학 부두에는 VLCC(Very Large Crude Carrier)라고 불리는 초대형 선박이 오고 갑니다. 이 선박이 가장 규모가 큰 선박이라고 할 수 있습니다. 인천항을 오가는 VLCC 제원은 길이 333m, 폭 60m에 달합니다. 화물을 싣지 않은 선박의 무게만 11만 614t입니다. 화물을 가득 채웠을 때 무게는 34만 2천922t에 이릅니다. 이

선박은 인천항에 올 때 화물을 가득 채우지 않는다고 합니다. 인천항에 입항할 때 인천대교를 통과해야 하는데 교각에 설치된 충격방지시설이 감당할 수 있는 무게에 맞춰 화물을 채웁니다. 이 때문에 인천항에 들어올 때 최대 무게는 21만 3천257t입니다. 빈 배의 무게가 11만 t 정도이니까, 10만 t 정도의 원유를 싣고 오는 것입니다.

원유운반선은 컨테이너 선박이 정기적으로 오고 가는 것과 달리 비정기적으로 운항합니다. 인천항에는 VLCC가 한 달에 한두 차례 정도 입항합니다. 다만 원유 가격, 원유 저장시설 현황, SK인천석유화학 공장 가동 현황 등에 따라 달라질 수 있습니다.

Q. 인천항은 중고차 수출 선박이 많다고 했는데, 이들 선박의 규모를 VLCC와 비교하면 더 작은가요?

A. 인천항은 신차와 중고차를 수출하는 선박이 많이 있습니다. 신차는 한국지엠에서 생산한 차량을 수출합니다. 차량 수출은 대부분 자동차운반선을 통해 진행하는데, 이들 선박엔 많게는 한 번에 6천 대 정도의 차량이 들어갑니다.

자동차운반선이 접안하는 부두는 인천 내항입니다. 인천

내항은 갑문을 통과해야 출입이 가능합니다. 갑문의 폭은 36m로 제한돼 있습니다. 이 때문에 인천항을 오가는 자동차운반선의 폭은 모두 36m 이하입니다. 폭이 60m인 VLCC보다 작을 수밖에 없습니다.

～ 인천항에서 중고차가 자동차운반선에 실리고 있다.

Q. 인천항을 오가는 컨테이너선 중에서 가장 큰 선박은 무엇인가요?

A. 컨테이너선은 인천 신항, 남항을 오고 갑니다. 과거엔 인천 내항에서도 컨테이너 화물을 처리했습니다. 인천 내항 4부두는 우리나라 최초의 컨테이너 부두이기도 합니다. 인천

신항이 2016년 개장하면서 내항 4부두는 컨테이너 기능을 잃었습니다. 이후에도 내항에서 한중카페리를 통해 컨테이너를 처리하기도 했으나, 2020년 국제여객터미널이 송도국제도시로 이전하면서 내항에서 컨테이너는 사라졌다고 볼 수 있습니다.

인천항에서 컨테이너를 처리하는 대표적인 부두는 인천 신항입니다. 2021년 기준으로 선광신컨테이너터미널을 오가는 선박 중에서 미국을 오가는 선박이 가장 큽니다. 이름은 'HYUNDAI JUPITER호'입니다. 이 선박이 최대로 적재할 수 있는 컨테이너는 1만 77TEU입니다. 1TEU는 20피트 컨테이너 1개를 말합니다. 이 선박의 길이는 323m, 폭은 48m입니다. 앞서 이야기했던 VLCC와 비교면 길이는 비슷하지만 폭은 12m 정도 좁다는 것을 알 수 있습니다.

Q. 인천항에 오지 않더라도
VLCC보다 큰 선박이 있나요?

A. 네 그렇습니다. 원유운반선으로 보면 VLCC보다 큰 선박을 ULCC(Ultra Large Crude Carrier)라고 부릅니다. ULCC는 적재할 수 있는 화물의 무게만 30만t을 넘습니다. 이 때문에 배의 무게까지 합하면 40만t을 넘게 됩니다. 컨테이너선으로

보면 세계에서 가장 큰 선박은 2만 4천TEU를 적재할 수 있습니다.

인천항에 오는 가장 큰 컨테이너선과 비교하면 2.4배에 이릅니다. 국적선사인 HMM이 운영하는 2만 4천TEU급 선박은 길이 400m, 폭은 61m에 달합니다.

Q. 대형 크루즈와 대형 화물선을
비교하면 어떤가요?

A. 코로나19 영향으로 3년 동안 인천항에 크루즈가 입항하지 않았습니다. 코로나19 이전엔 크루즈의 인천항 기항 횟수는 1년에 100회 가까이 되기도 했습니다. 크루즈는 화물을 싣지 않기 때문에 같은 크기라고 한다면 화물을 적재한 화물선보다 가볍습니다.

세계에서 가장 큰 크루즈는 'Oasis of the Seas호'입니다. 무게는 22만t에 이르고, 길이는 361.6m, 너비 47m입니다. VLCC보다 길이는 길고 폭은 좁습니다. 5천 명의 승객·승무원이 탑승해야 하기 때문에 높이가 72m로 20층 건물 높이에 이릅니다.

인천항에 기항한 크루즈 중 가장 큰 규모는 16만 8천t급 크루즈 'Queen mary2호'입니다. 이 역시 길이가 340m에 달할 정도로 큰 규모를 자랑합니다.

인천항 크루즈 전용 터미널은 세계 최대 크루즈가 접안할 수 있는 시설을 갖추고 있습니다. 코로나19 영향으로 크루즈 입항 금지 조치가 이어졌고, 2023년 3월 크루즈가 입항할 예정입니다. 이 때문에 2년여간 인천항 크루즈터미널은 제대로 활용되지 못하고 있습니다.

인천항
'돌핀'

부두는 항만의 핵심 인프라입니다. 해상 운송을 통한 교역량은 전체 교역의 99.7%를 차지할 만큼 비중이 큽니다. 선박에 실린 이들 화물은 부두를 거쳐야 목적지로 갈 수 있습니다. 선박은 화물이나 사람을 운송하기 위해 움직이는데, 부두가 없으면 사람이나 화물의 이동에 차질을 빚기 때문입니다.

부두는 '계류시설'로 분류됩니다. 말 그대로 선박이 계류할 수 있는 시설입니다. 이는 화물을 싣고 내리는 데, 사람이 타고 내리는 데 편하도록 설계됩니다.

인천항은 부산항에 이어 국내에서 두 번째로 큰 항만입니다. 인천항에서 처리하는 화물의 종류도 다양합니다. 자연스럽게 화물의 종류에 따라 부두의 종류도 다양합니다. 가장 많은 형태의 부두는 안벽입니다. 선박이 접안하기 편하도록 지면의 끝부분을 수직 형태로 만든 구조물입니다. 대부분 콘크리트로 돼 있고, 컨테이너선 등 다양한 화물선이 접안하는 시설입니다. 이 외에도 부두 시설은 다양합니다.

Q. 유류를 싣는 유조선은 어떤 부두에 접안하나요?

A. '돌핀 부두(Dolphin Wharf)'가 유조선이 접안하는 부두입니다. 돌핀 부두는 계류시설의 하나로 육지와 일정 수준 떨어져 있다는 것이 다른 부두와의 차이점입니다. 돌핀 부두는 수심이 확보되는 해역에서 선박이 계류해 화물을 하역할 수 있도록 만든 말뚝형 구조물입니다. 통상 배 길이보다 짧게 축조됩니다.

유조선이 가장 많이 드나드는 항은 울산항입니다. 이 때문에 울산항은 '오일 허브(Oil Hub)'라고 불리기도 합니다.

인천항에도 유조선이 많이 오고 갑니다. 인천항의 '비컨테이너 화물' 중 유류가 차지하는 비중이 작지 않습니다. 인천항을 통해 들어온 유류는 수도권에서 사용됩니다. 대한

항공도 유류 부두를 운영합니다. 인천공항에서 쓰이는 항공유를 수송하기 위해서입니다.

돌핀 부두는 육지와 떨어져 있기 때문에 사고가 나더라도 피해가 육지로 확산하지 않는다는 점이 특징입니다. 유류 등을 주로 취급하기 때문에 육지와 떨어진 곳에 설치하는 이유도 있습니다.

~ SK인천석유화학 돌핀 부두에 접안하고 있는 초대형 유조선(VLCC).

Q. 돌핀 부두는
유조선만 이용할 수 있나요?

A. 그렇지 않습니다. 주로 유조선이 이용하는 것은 맞지만 전부는 아닙니다. 유조선 외에 돌핀 부두에 접안하는 선박은 LNG 운반선입니다. 유류와 LNG를 실은 선박이 돌핀 부두에 접안하는 것은 화물의 특성에 기인합니다. 유류와 LNG 모두 액체 상태로 운반됩니다. 이들 화물을 하역할 때 파이프를 활용합니다. 이 때문에 선박이 접안하는 곳에 컨테이너 장치장과 같은 공간이 필요로 하지 않습니다. 컨테이너 크레인처럼 큰 공간을 차지하는 화물 하역 장비가 없어도 됩니다. 말뚝형 구조물을 통해 선박을 고정한 뒤 파이프를 연결할 수 있는 장비만 있으면 됩니다.

이 때문에 액체 화물을 실은 선박은 주로 돌핀 부두에 접안합니다. 마찬가지 이유로 시멘트를 실은 선박도 돌핀 부두에 접안합니다. 인천항에도 시멘트를 실은 배를 접안하기 위한 돌핀 부두가 설치돼 있습니다.

Q. 인천항 돌핀 부두는

어디에 있나요?

A. 인천 남항, 신항, 북항 인근 해역에 각각 설치돼 있습니다.
SK인천석유화학 부두와 대한항공 부두는 인천 북항 북서편
에 있습니다. 현대오일뱅크가 이용하는 돌핀 부두는 인천
북항 다른 부두들 사이에 설치돼 있습니다. 인천 남항 해역
에는 시멘트 부두가 돌핀 형태로 설치돼 있습니다. 돌핀 부
두는 해상에 위치해 있어 일상생활에서 보기는 어렵습니
다. 주로 유류와 LNG 등 위험물을 취급하기 때문에 부두와
인접한 육지 부문으로 가는 것도 관계자로 제한됩니다.

Q. 인천에 안벽 구조로 된 부두 규모는

어느 정도인가요?

A. 인천 신항, 남항, 내항, 북항 모두 안벽 구조로 돼 있습니다.
안벽 길이에 따라 접안할 수 있는 선박의 수나 규모가 결정
됩니다. 인천 신항은 1천600m로 조성됐습니다. 인천 남항
에서는 컨테이너 부두와 석탄 부두 등이 운영되고 있는데,
컨테이너 부두 길이는 860m입니다. 인천 북항의 부두 길
이는 4천290m입니다.
인천 내항의 부두 길이는 북항의 두 배에 달하는 9천400m

에 이릅니다.

부두의 규모를 이야기할 때 '선석'이라는 표현을 쓰기도 합니다. '선석'은 선박이 접안할 수 있는 부두의 단위입니다. 10선석이면 10척의 배가 접안할 수 있다는 의미입니다. 그렇지만 선박의 크기가 모두 다르기 때문에 3선석으로 설계됐다고 하더라도 규모가 작은 선박은 4척이 접안하기도 합니다. 이 때문에 '5만t 선석'이라는 방식으로 부두의 규모를 표현하기도 하지만, 부두의 규모는 길이와 수심 등을 종합하는 것이 정확합니다. 인천 내항은 43선석이라고 표현하기도 합니다. 43척의 선박이 동시에 접안할 수 있는 규모라는 의미이지만, 선박 규모에 따라서 동시 접안 선박의 수는 달라질 수 있습니다.

선석은 안벽의 위치를 표현하기도 합니다. 예를 들어 내항 '44번 선석'은 내항 4부두의 4번째 공간을 이야기합니다.

Q. 안벽 구조 부두에서는
어떤 화물을 취급하나요?

A. 돌핀 부두에서 취급하지 않는 대부분의 화물을 취급한다고 보면 될 것 같습니다. 대표적으로는 컨테이너입니다. 이 외

에도 목재, 철재, 곡물, 자동차 등 다양합니다. 인천 신항은 컨테이너 전용 부두입니다. 인천 내항은 컨테이너를 취급하지 않습니다. 내항 4부두는 1974년 국내 최초 컨테이너 부두였으나, 시설 노후화와 남항과 신항 개장 등으로 컨테이너 기능이 이전됐습니다. 내항에서는 곡물과 자동차 등을 취급합니다. 북항은 철재와 목재 등을 취급하는 벌크 화물 전용 항만입니다.

～ 송도국제도시에 조성된 인천 신항 전경.

Q. 인천항 컨테이너 부두는
확장 계획이 있나요?

A. 네 그렇습니다. 인천항 컨테이너 물동량은 꾸준히 늘어나

고 있어, 현재의 부두만으로는 늘어나는 물동량을 감당하기 어려워질 것으로 예상됩니다. 이 때문에 해양수산부와 인천항만공사는 추가로 컨테이너 부두를 건설할 계획을 가지고 있습니다.

인천 신항엔 선광신컨테이너터미널(SNCT)과 한진인천컨테이너터미널(HJIT)이 있습니다. 남항에 인천컨테이너터미널(ICT), E1컨테이너터미널(E1CT)까지 인천항엔 모두 4개의 컨테이너터미널이 운영되고 있습니다.

인천 신항은 현재 1-1단계가 운영 중인데, 바로 옆에 1-2단계를 2026년 개장한다는 목표를 가지고 있습니다. 신항 2개 터미널의 안벽 길이를 합하면 1천600m입니다. 1-2단계는 이보다는 짧은 1천50m로 조성될 예정입니다.

신항 1-2단계 시설은 연간 138만TEU의 하역 능력을 갖추게 됩니다. 이는 1-1단계 210만TEU와 더해서 인천 신항은 348만TEU의 하역 능력을 갖추게 됩니다.

인천항은 2021년 345만TEU의 화물을 처리했으며, 점차 늘어나는 추세입니다. 다만 2022년엔 전년보다 물동량이 소폭 줄었습니다.

공 컨테이너를 따라가면
물류가 보인다

2021년 전 세계적으로 물류 대란이 벌어졌습니다. 수출을 하고 싶어도 화물을 실을 선박이 부족해 지체되는 상황이 한동안 이어졌습니다. 여기에 빠지지 않는 장면이 있습니다. 바로 '컨테이너'입니다. 컨테이너는 화물을 싣는 상자입니다. 컨테이너가 없으면 안 된다고 할 정도로 전체 물류 중 컨테이너 화물의 비중이 큽니다. 항만에 쌓여 있는, 선박에 쌓여 있는 컨테이너는 다양한 화물을 싣고 있기도 하지만, 그렇지 않은 경우도 많습니다. 바로 '공(空) 컨테이너'입니다. 공 컨테이너의 선적·하역은 비효율적으로 보일 수 있지만, 현대 무역 활동에서는 필수이기도 합니다.

Q. 비어 있는 컨테이너도
배에 실리나요?

A. 네 그렇습니다. 빈 컨테이너는 꽤 많이 선박에 실립니다. 2020년 인천항의 연간 컨테이너 물동량은 327만TEU(1TEU는 20피트 컨테이너 1대분)입니다. 이 중 화물이 들어 있는 '적(積) 컨테이너'는 234만TEU입니다. 비어 있는 '공 컨테이너'는 93만TEU입니다. 전체 물동량의 30% 정도가 공 컨테이너입니다.

인천항의 공 컨테이너는 수입보다 수출이 월등히 많습니다. 98% 정도가 중국 등 외국으로 보내는 '수출'입니다. 2% 정도만 수입됩니다. 인천항에서 중국 등으로 가는 컨테이너선에 쌓여 있는 컨테이너 중 30%는 비어 있다고 봐도 틀리지 않을 것입니다.

Q. 공 컨테이너를 싣는 이유는
무엇인가요?

A. 인천항의 수출입 물동량 차이에 기인합니다. 인천항은 수입 물동량이 수출보다 많은 구조를 가지고 있습니다. 수입하면서 한국에 온 컨테이너를 수출 화물로 채워서 보내는

것이 가장 이상적이고 효율적입니다. 그렇지만 수출과 수입 물동량이 차이가 나다 보니까 빈 컨테이너를 보내야 하는 상황이 생기는 것입니다.

'쿠팡프레시'도 비슷한 경우라고 할 수 있습니다. 쿠팡에서 새벽 배송으로 물건을 주문하면 보냉 기능이 있는 '쿠팡프레시백'에 담겨 배송됩니다. 물건을 빼고 이 가방을 집 앞에 놓으면 다시 배송원이 물류창고로 가져갑니다. 다시 사용하기 위해서입니다. 컨테이너도 마찬가지입니다. 컨테이너를 다시 활용하기 위해서 빈 컨테이너를 다시 가져가는 개념이라고 보면 됩니다.

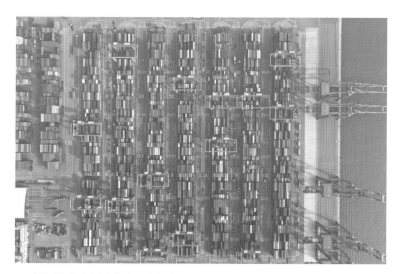

〜 인천 신항에 컨테이너가 쌓여 있다. 이 컨테이너 대부분은 중국에서 생산됐다. 오른쪽에 있는 하역 장비도 중국산이다. 컨테이너와 하역 장비 생산 부문에서 중국은 90%의 점유율을 차지하고 있다.

Q. 컨테이너가 충분하면
공 컨테이너를 운송하지 않아도 되는 건가요?

A. 이론적으로는 그렇습니다. 충분한 여유분의 컨테이너가 있다면 굳이 배로 공 컨테이너를 운송하지 않더라도 수출입에 문제가 없습니다. 하지만 비효율이 발생하기 때문에 현실에서는 100% 적 컨테이너만 운송하는 것이 불가능에 가깝습니다.

우선 컨테이너 보관 장소입니다. 충분한 양의 컨테이너가 있다는 것은 그 보관을 필요로 한다는 점입니다. 컨테이너는 부피가 크기 때문에 보관에도 상당한 규모의 부지 등을 필요로 합니다. 공 컨테이너를 줄이기 위해서 굳이 다른 용도로 활용할 수 있는 땅을 컨테이너 보관용으로 쓰는 것은 효율적이지는 않습니다. 또 하나는 컨테이너 가격입니다. 컨테이너는 내구성을 비롯해 여러 기능을 갖추고 있습니다. 이 때문에 컨테이너도 하나의 자산입니다. 컨테이너 1개를 만드는 데 대략 3천 달러가 든다고 합니다. 컨테이너를 쌓아두지 않고 활용하는 것이 수익에 도움이 됩니다.

Q. 공 컨테이너 가격도
수요와 공급에 따라서 변화하나요?

A. 네 맞습니다. 특히 2021년엔 해운 물류 대란의 영향을 받아 변화의 폭이 컸습니다. 코로나19 영향으로 항만 하역과 운송 등에 차질을 빚으면서 운송 수요가 몰렸습니다. 이에 선박의 적재 공간을 확보하지 못하는 수출입 기업이 많아지고 있습니다. 물건을 담을 컨테이너를 구하지 못하는 현상도 나타났습니다. 이 때문에 최근 새로 발주하는 컨테이너 가격은 1개당 4천500달러까지 치솟은 것으로 전해졌습니다. 이는 전년도 평균인 2천500달러의 두 배에 가까운 것입니다.

Q. 컨테이너가 부족하면
국내에서 생산할 수 있나요?

A. 가능하지만 당장은 어렵습니다. 현재 국내에선 컨테이너를 생산하지 않고 있습니다. 컨테이너 생산은 중국이 독점하고 있다고 봐도 무방합니다. 알파라이너 등 글로벌 해운 조사 업체 등에 따르면 중국 4개 기업이 컨테이너 생산 시장에서 90% 이상의 점유율을 차지하고 있습니다. 한국은 수익성 저하를 이유로 10여 년 전부터 신규 컨테이너를 제작

하지 않고 있다고 합니다.

컨테이너뿐만 아닙니다. 야트 트랙터와 컨테이너 크레인 등 주요 항만 장비는 대부분 중국에서 생산됩니다. 인천 신항에 있는 컨테이너 크레인도 중국에서 수입한 것입니다.

컨테이너를 가득 채운 화물의
주인은 몇 명일까

수출과 수입은 해상·항공 운송을 통해서 이뤄집니다. 해상 운송은 주로 20피트나 40피트 컨테이너에 담겨 운송됩니다. 항공 운송은 항공기 규격에 맞는 ULD라는 상자를 활용합니다. 한 번에 수출·수입하는 물량이 1개의 컨테이너나 ULD를 모두 채울 수 있으면 좋지만, 그렇지 못할 때도 많습니다. 특히 중소기업이나 초기 수출 기업은 더 그렇습니다. 예를 들어 화장품을 만드는 중소기업이 처음으로 베트남으로 수출을 진행하게 됐다고 가정해 보겠습니다. 첫 수출 물량은 10kg 무게의 박스 10개 정도에 불과하다면, 20피트 컨테이너를 가득 채울 수 없습니다. 판매가 잘된다면 추가로 수출하는 물량은 더 많아지겠지만, 언제가 될

지는 장담할 수 없습니다.

화물을 항공편으로 보내면 빠르게 보낼 수 있지만, 비싼 운송료가 부담입니다. 비용 부담을 줄이기 위해 해상 운송을 고민하게 됩니다.

이처럼 소규모 화물 운송이 필요한 기업들은 서로 화물을 모으게 되는데. 이렇게 여러 화주의 화물이 들어 있는 컨테이너를 'LCL(Less Container Load)' 화물이라고 부릅니다.

Q. LCL 화물의 장점과 단점은 무엇인가요?

A. LCL 화물은 여러 화주의 화물이 한 컨테이너 안에 있습니다. 이 때문에 상이한 화물이 섞일 수 있고, 파손과 오염의 우려도 크다는 점은 단점으로 꼽힙니다. 또 여러 화주의 화물을 모으는 과정이 필요하기 때문에 운송에 소요되는 시간도 상대적으로 깁니다.

소량 화물을 저렴한 가격에 보낼 수 있다는 점은 장점입니다. LCL 화물과 달리 컨테이너에 한 화주의 화물로 채워진 것을 'FCL(Full Container Load)'라고 합니다. FCL 화물은 다른 화주의 물건이 없기 때문에 운송 스케줄을 조정하는 것이 용이합니다.

LCL과 FCL은 화물의 종류로 구분되진 않습니다. 모든 화물이 LCL이 될 수도, FCL이 될 수도 있습니다. 예를 들어 의류 화물을 국내 기업이 소규모로 수출할 때는 LCL 방식으로 이뤄질 가능성이 큽니다. 반면 글로벌 의류 기업 'ZARA'가 국내로 의류를 들여올 때는 컨테이너 하나를 모두 채워서 들어오게 되고, 이는 FCL이 됩니다.

Q. LCL은 여러 화주의 물건을 모아야 하는데, 그 작업은 어디에서 이뤄지나요?

A. 인천항 일대에 'CFS'라고 적혀 있는 물류센터가 몇 곳 있습니다. CFS(Container Freight Station)는 여러 화주의 화물을 컨테이너에 적재하는 작업을 하는 곳이라고 보면 됩니다. 인천 아암물류 1단지에 있는 인천항공동물류센터가 LCL 화물 작업을 진행하는 CFS입니다. 또 인천 신항 컨테이너터미널을 운영하는 한진과 선광도 터미널 내에 CFS 창고를 운영하고 있습니다.

이들 물류센터는 LCL 화물을 처리하는 공간이긴 하지만,

화물 포장 · 라벨링 등의 작업도 이뤄집니다.

Q. 인천항 컨테이너 화물 중
LCL 비중은 얼마나 되나요?

A. 인천항은 연간 300만TEU(1TEU는 20피트 컨테이너 1대분)의
물동량을 처리합니다. 이 중 100만TEU 정도는 비어 있는
'공(空) 컨테이너'입니다. 화물이 들어가 있는 컨테이너를
'적(積) 컨테이너'라고 부릅니다. 인천항에서는 한 해에 대
략 200만TEU 정도의 적 컨테이너가 오고 가는데, 이 중
10% 정도가 LCL 화물일 것으로 추정되고 있습니다. 인천
항만공사와 터미널 운영사 등도 이를 따로 집계하지 않고
있습니다. 또 FCL의 비중이 압도적으로 높기 때문인 것으
로 보입니다. 해상 운송 특성상 부피가 큰 화물이 많기 때
문에 FCL의 비중이 높은 것으로 보고 있습니다.

FCL의 비중이 높지만 LCL 화물의 중요성은 작지 않다는 것
이 물류 업계 이야기입니다. 수출을 처음 시작할 때 1개의
컨테이너를 모두 채우기 어렵기 때문입니다. 아직 LCL 화
물에 대한 분석이 제대로 이뤄지지 않았습니다. 비중이 적
다고 하지만 LCL을 통해 수출 · 입을 하는 기업의 수는 1천
개 이상일 것으로 추정됩니다. LCL에 실리는 화물 종류, 화

주기업의 규모 등을 분석하면 의미 있는 결과를 도출할 수 있을 것으로 생각됩니다.

Q. 항공 운송에서 '혼재 기업'은 무엇인가요?

A. 인천공항에 '항공 화물 혼재기업(또는 혼재사)'이 10여 개 정도 운영되고 있습니다. 이들 기업은 'Consolidator' 또는 '콘솔사'라고 부릅니다.

혼재기업은 취급하는 화물은 화주가 여러 기업이라는 측면에서 해상 운송의 LCL 화물과 비슷한 측면이 있습니다. 하지만 운송 과정은 조금 다릅니다.

혼재기업은 항공사와 계약을 통해 항공기 내 일정 공간을 빌리는 형태로 사업을 운영합니다. 혼재사는 화물운송주선기업(이하 포워더)으로부터 화물을 유치한 뒤, 이들 화물을 항공기 전용 운송상자인 'ULD'에 담아 항공사로부터 빌린 화물기에 싣는 작업을 진행합니다. 반면 LCL 화물은 화주가 포워더에 화물 운송을 의뢰하고, 포워더가 선사와 계약하는 형태가 주를 이룹니다.

인천공항 인근에서 혼재사를 운영하는 (주)우정항공은 2020년 연간 5만t의 물동량을 취급했습니다. 2021년 9월 인천국제공항공사와 협약을 맺고 추가로 물류센터를 건립하기로 했습니다. 오는 2023년 추가 물류센터가 완공되면 연간 10만t 이상의 물동량을 처리할 수 있을 것으로 기대하고 있습니다.

항만물류 상징 '컨테이너 크레인'도 자동화가 대세

TV 뉴스에서 수출과 관련한 내용이 보도될 때 단골로 등장하는 화면이 있습니다. 바로 컨테이너터미널입니다. 터미널 야드엔 수만 개의 컨테이너가 쌓여 있고, 분주하게 이를 옮기는 모습이 자주 그려집니다. 이때 컨테이너 선박이 접안해 있고, 거대한 크레인이 컨테이너를 선박에서 육지로 옮기는 모습도 종종 볼 수 있습니다.

선박에서 컨테이너를 내릴 때, 또는 육지에서 선박으로 컨테이너를 실을 때 쓰는 장비는 갠트리 크레인(Gantry Crane) 또는 컨테이너 크레인(Container Crane)이라고 부릅니다. STS(Ship To Shore)

크레인이라는 용어를 사용하기도 합니다. 항만 물류 장비 중 가장 규모가 클 뿐 아니라, 바다를 향해서 뻗어 있는 모습은 항만 물류의 상징처럼 여겨지기도 합니다. 우리나라 항만에서 컨테이너를 사용한 것은 1970년대입니다. 컨테이너는 반세기가 지난 지금도 외형상으로는 큰 변화가 없습니다. 컨테이너 크레인도 마찬가지입니다. 다만 그 운용 방식은 빠르게 변하고 있습니다. '자동화'와 '무인화'는 변화의 핵심이라고 할 수 있습니다.

Q. 컨테이너 크레인은
어떤 역할을 하나요?

A. 컨테이너터미널에 있는 장비 중 가장 핵심적인 역할을 한다고 봐도 될 것 같습니다. 컨테이너터미널에서 화물을 하역하는 과정을 단순화하면 선박에서 컨테이너 크레인이 컨테이너를 야드 트랙터에 싣고, 이 트랙터는 터미널 안쪽 정해진 장소로 옮기는 것입니다. 선박에 화물을 실을 때는 그 반대 과정으로 진행됩니다. 컨테이너 크레인은 화물을 선박에서 육지로, 육지에서 선박으로 옮기는 처음과 마지막 과정을 수행합니다.

선박에 있는 컨테이너를 집어 올려서 육지로 옮겨야 하기 때문에 규모가 클 수밖에 없습니다. 컨테이너 선박은 2만

4천TEU(1TEU는 20피트 컨테이너 1대분)까지 실을 수 있을 정
도로 대형화하고 있습니다. 이 때문에 바다를 향해 뻗어 나
가는 'ㄱ'자 형태가 나옵니다.

2만 4천TEU 선박의 폭은 60m 정도로 컨테이너 24개가 들
어갈 수 있습니다.

~ 컨테이너 크레인이 바다를 향해 'ㄱ'자로 뻗어 있다. 크레인이 바다 쪽으로 향해 'ㄱ'자를 이루
고 있으면 하역 작업을 진행 중인 것이다. 바다가 아닌 하늘을 향해 있어 'ㅣ'모양으로 있을 때
도 있는데 이때는 선박이 접안해 있지 않을 때다.

Q. 컨테이너터미널 자동화는
어떤 방식으로 이뤄지나요?

A. 현재는 40~50m 높이의 컨테이너 크레인 조종석에서 노동
자가 조종하는 방식으로 크레인을 움직입니다. 이 크레인

조종을 조종석이 아닌 다른 공간에서 모니터를 보면서 원격으로 조정하는 방식이 추진되고 있습니다. 이후에는 사람이 조정하지 않는 '완전 무인'도 도입될 것으로 예상됩니다.

현재 컨테이너터미널은 일부 자동화가 이뤄져 있습니다. 터미널 장치장에 컨테이너를 옮기는 역할을 하는 야드 크레인은 자동화가 이뤄졌습니다. 과거에는 야드 크레인 운전기사가 따로 있었지만, 지금은 조종석에서 조이스틱 등을 이용합니다. 여기에 더해 야드 크레인 부문은 완전 무인화가 완료된 터미널도 있습니다.

Q. 자동화가 좋은 점은
구체적으로 무엇인가요?

A. 가장 좋은 점은 안전성과 효율성이라고 볼 수 있습니다. 항만 현장에서 노동자들이 하던 일을 기계가 대신하게 되면서 안전사고의 위험성도 대폭 줄어들 수 있습니다. 이와 함께 좋은 점은 작업 능률이 오를 수 있다는 점입니다.

컨테이너 항만에서 가장 중요하게 여기는 부분은 '정시성'입니다. 정해진 시간에 화물을 싣고 내리는 것이 항만의 가장 중요한 경쟁력입니다. 이는 수출입 기업의 상품 생산 일정 등과도 연계되기 때문입니다.

자동화는 컨테이너터미널의 운영 효율성을 높일 수 있기 때문에 신규로 건설되는 항만 대부분은 자동화 장비를 구축합니다. 단순히 인력에 투입되는 비용을 줄이는 것뿐 아니라 타 항만 대비 더 높은 효율성은 선사와 화주들의 선호도를 높일 수 있는 가장 좋은 방법입니다.

～ 인천 신항 선광신컨테이너터미널의 45m 높이에 설치된 컨테이너 크레인 조종실에서 노동자가 크레인을 조종하고 있다. 완전 자동화 터미널이 속속 들어서고 있어, 이러한 방식으로 컨테이너 크레인을 조종하는 모습도 점차 줄어들 것으로 예상된다.

**Q. 자동화 장비는 구체적으로 어느 정도의 효과를
나타내고 있나요?**

A. 한국해양수산개발원(KMI)은 2022년 초 '완전 자동화 터미널, 글로벌 공급망 대란에서 그 안정성을 증명하다'라는 제목의 보고서를 냈습니다. 이 보고서에 완전 자동화 터미널의 장점이 잘 나타나 있습니다.

이 보고서는 완전 자동화 터미널을 선도적으로 도입해 운영하고 있는 미국 LA·LB(롱비치)항, 네덜란드 로테르담항, 중국 상하이항, 중국 칭다오항 등 4개 항만을 선정해 터미널별 처리 물동량, 선박의 접안시간과 기항 횟수 등 운영성과를 나타낼 수 있는 세 가지 핵심 요인을 비교·분석했습니다. 이들 4개 항만은 모두 완전자동화 터미널과, 부분 자동화 터미널을 모두 운영하고 있어, 이들을 비교하는 방식으로 분석이 진행됐습니다.

2019년과 2020년을 비교해 분석한 결과 처리 물동량은 완전 자동화 터미널의 연간 물동량은 평균 30.18% 증가한 것으로 나타났습니다. 반면 비완전 자동화 터미널의 연간 처리 물동량은 평균 1.91%가 감소했습니다.

접안시간도 완전 자동화 터미널에서 좋은 평가가 나왔습

니다. 완전 자동화 터미널의 선박 1척당 평균 접안시간은 2019년 38.27시간에서 2020년 39.46시간으로 평균 4.59% 증가했습니다. 비완전 자동화 터미널은 접안시간이 2019년 28.67시간에서 2020년 35.88시간으로 평균 16.23% 늘었습니다. 완전 자동화 터미널에 비해 크게 증가했다는 것을 알 수 있습니다. 완전 자동화 터미널의 경우 처리 물동량 증가에도 불구하고 평균 접안시간 증가율은 높지 않았으나, 비완전 자동화 터미널은 처리 물동량이 감소했음에도 평균 접안시간은 높은 수준으로 증가했습니다. 완전 자동화 터미널의 하역작업에 있어 안정성이 더 높은 것으로 평가됩니다.

기항 횟수도 완전 자동화 터미널은 평균 21.8%가 증가했으나, 비완전 자동화 터미널은 평균 3.05%가 줄었습니다. 결과적으로 완전 자동화 터미널에서는 물동량과 기항 횟수는 늘어나고, 접안시간은 증가폭이 적었습니다. 터미널이 더욱 효율적으로 운영된다는 것을 알 수 있습니다.

Q. 인천항은 자동화가
어느 정도 진행됐나요?

A. 인천 신항은 야드 크레인을 원격으로 조종해 장치장에 쌓아놓는 기술이 도입된 '반자동화' 터미널입니다. 컨테이너

크레인(안벽 하역 크레인)의 자동화는 이뤄지지 않았습니다. 노동자가 조종석에서 조종하는 방식으로 진행됩니다.

인천항만공사는 오는 2026년에 인천 신항 1-2단계를 개장하기 위해 준비하고 있습니다. 현재는 하부공사가 진행되고 있으며, 올해 하반기에 운영사업자를 선정하기 위한 공모가 진행될 예정입니다.

인천 신항 1-2단계는 컨테이너 무인이송 장비가 도입될 예정입니다. AGV(Automated Guided Vehicle)는 무인으로 정해진 경로를 따라 화물 등을 옮길 수 있는 장비입니다. 조종사 없이도 자동으로 컨테이너를 옮기게 되는 것입니다.

컨테이너 크레인을 이용해 선박에서 끌어 올린 컨테이너를 AGV에 싣는 작업도 개선됩니다. 현재 노동자가 크레인 위에서 작업하는 방식에서 원격으로 옮기는 방식으로 개선됩니다. AGV로 운송한 컨테이너는 자동화된 크레인을 이용해 장치장으로 이동합니다. 인천항만공사는 선박에 실린 컨테이너를 집어 올리는 작업과 육상 운송용 차량에 컨테이너를 싣는 작업 등에 원격 조종 방식을 활용하고, 나머지는 완전 자동화한다는 방침입니다.

2026년 개장하는 인천 신항 1-2단계가 완성되면 지금보다는 더욱 효율적으로 터미널이 운영될 것으로 기대됩니다. 이는 인천항의 경쟁력을 높이는 데 도움이 될 것입니다.

교역·관광 두 마리 토끼 쫓는
한중카페리

인천은 중국과 가장 가까운 도시 중 하나입니다. 서해를 사이에 두고 있어 물리적인 거리가 가깝기도 하지만, 그보다 인천과 중국을 가깝게 만드는 것은 활발한 교류입니다. 인천항은 1883년 개항 이후 여러 나라의 문물을 받아들였고, 중국도 마찬가지였습니다. 중국 문화는 인천을 통해 전국으로 퍼졌다고 해도 틀린 말이 아닐 것입니다. 국내에서 가장 오래된 차이나타운이 인천에 있다는 것이 이를 보여줍니다.

근대 시대를 지나서도 인천은 중국과 가장 가까운 도시였습니다. 한중 수교는 1993년 이뤄졌지만 1991년부터 인천과 중국을 오가는 선박인 한중카페리가 운항했습니다. 한국과 중국을 오가며 화물과 여객을 모두 실을 수 있는 '한중카페리'는 30년 전부터 인천과 중국을 잇는 가교 역할을 했습니다. 코로나19 영향으로 2020년 초부터 여객 운송은 이뤄지지 않지만 여전히 한중카페리는 각국의 화물을 싣고 운항하고 있습니다.

Q. 한중카페리는
중국 어느 도시를 가나요?

A. 한중카페리는 모두 16개 노선으로 이뤄져 있습니다. 인천과 군산, 평택이 중국 12개 도시와 이어져 있습니다. 인천을 오가는 항로는 모두 10개가 개설됐으며 평택은 5개, 군산은 1개 항로가 운영되고 있습니다. 이 중 인천~텐진 항로는 제한 선령을 초과해 현재는 운항이 중단돼 있습니다. 군산~스다오 항로는 다른 항로가 1척의 배를 운항하는 것과 달리 2척이 투입되고 있습니다. 한국은 서해안에 있는 도시들이며, 중국은 동부 연안 도시들입니다. 모두 서해를 가로질러 운항한다고 보면 될 것 같습니다.

~ 중국 산둥(山東)성 웨이하이(威海)는 한중카페리가 처음 운항한 도시다. 이곳에 조성된 대형 쇼핑몰 '한국보세교역센터' 일대. 상가마다 한국어로 쓰인 간판과 한국 화장품 판매장 등을 손쉽게 발견할 수 있다.

가장 먼저 개설된 항로는 '인천~웨이하이'입니다. 한중 수교가 이뤄지기 2년 전인 1991년 항로가 개설돼 화물과 사람들이 오갔습니다. 이때만 해도 수교가 이뤄지기 이전이기 때문에 양국 간 교류는 많지 않았습니다. 카페리가 두 도시를 오가면서 인천과 웨이하이는 한중 교류의 거점 역할을 했습니다. 이후 잇따라 항로가 개설됐으며, 웨이하이는 평택에서도 카페리를 운영하는 등 수요가 많습니다.

각 노선은 거리에 따라 다르지만 1주일에 2~3회를 왕복합니다. 4개 항로는 주 2차례, 11개 항로(12척)는 주 3차례 운항합니다. 1주일에 한국과 중국을 오가는 카페리는 44차례에 달합니다.

Q. 한중카페리로 운송하는
화물의 규모는 어느 정도인가요?

A. 한중카페리는 여객과 컨테이너 화물을 모두 운송할 수 있도록 설계된 선박입니다. 각 화물에 실을 수 있는 컨테이너는 140~376TEU(1TEU는 20피트 컨테이너 1대분)입니다. 인천항을 오가는 컨테이너 전용선 중에서 가장 큰 규모는 1만 TEU를 적재할 수 있습니다. 이것과 비교하면 크다고는 할 수 없는 규모입니다. 그럼에도 한중카페리는 운항 횟수가 많다는 특징이 있습니다. 컨테이너 항로가 보통 1주일에 1차례 인천항을 기항하지만, 한중카페리는 2~3회입니다. 이 때문에 적지 않은 물동량을 처리합니다.

인천항을 보면 각 항로에서 취급하는 물동량은 연간 2만~6만TEU 정도 됩니다. 10개 항로가 운영되고 있어 연간 물동량은 2020년 기준으로 약 43만TEU입니다. 이는 2020년 인천항 전체 컨테이너 물동량 327만TEU의 13%에 해당합니다. 인천 남항에 있는 컨테이너터미널 E1CT에서 처리하는 연간 물동량이 25만TEU 안팎인 것과 비교하면 한중카페리가 운송하는 화물의 양이 적지 않습니다.

▣ 한중카페리 물동량

(단위 : TEU)

구 분	2017년	2018년	2019년	2020년	2021년
대 련	19,906	20,800	20,011	19,368	19,796
단 동	24,210	23,294	24,649	20,262	21,941
연 태	39,214	38,517	39,595	43,801	60,796
석 도	75,205	70,438	65,745	75,261	92,699
영 구	25,986	26,800	28,291	28,334	35,009
진황도	36,724	38,999	20,851	33,749	45,090
위 해	70,014	69,916	66,188	70,919	72,015
청 도	67,481	58,978	59,807	66,577	80,121
천 진	32,334	32,385	36,401	3,700	–
연운항	42,833	51,549	44,893	54,797	67,199
합 계	433,907	431,676	406,431	416,768	494,666

~ 인천항 한중카페리는 연간 40만TEU 이상의 화물을 처리한다. /인천항만공사 제공

Q. 한중카페리 여객 규모는
어느 정도인가요?

A. 한중카페리는 인천, 평택, 군산과 연결돼 있습니다. 이 중
에서 인천은 가장 먼저 항로가 개설됐고, 가장 많은 사람이
이용합니다. 인천을 기준으로 하면 보통 오후 6시 이후에
출발해 다음 날 아침에 도착하는 일정입니다. 운항 시간은
12시간 안팎이 소요됩니다. 주로 중국인이 많이 이용하고,
한국에서도 중국 관광 목적으로 한중카페리를 이용하기도
합니다. 2019년을 기준으로 보면 인천항 한중카페리 여객
은 100만 명이 넘었습니다. 이후 일부 선사가 선박을 새로
건조하면서 기존 선박보다 여객 정원을 크게 늘리기도 했

습니다. 이 때문에 앞으로 한중카페리 이용객은 늘어날 것으로 예상됩니다.

다만 한중카페리는 운항 시간이 항공기에 비해 10시간 이상 길기 때문에 촉박한 일정을 소화하기에는 적절치 않을 수 있습니다. 그래서 중국인 단체여행객이 주로 이용합니다. '보따리상'이라고 불리는 중국인 소무역인들도 많이 이용합니다. 이들은 컨테이너가 아닌 손짐 형태로 농산물 등을 들여와 한국에 판매하는 역할을 했습니다. 한국의 물품을 중국으로 가져가서 팔기도 합니다. 보따리상은 점차 줄고 있는 추세이긴 하지만 한중카페리 여객의 한 축을 차지한다고 할 수 있습니다.

코로나19 영향으로 2020년 1월부터 여객 운송이 전면 중단됐습니다. 2023년에 재개될 것으로 예상되지만 아직 알 순 없습니다. 이 때문에 현재 한중카페리는 화물만 싣고 한국과 중국을 오가고 있습니다.

Q. 한중카페리는 코로나19 영향으로 여객을 수송하지 못하고 있는데 경영이 어렵지는 않나요?

A. 여객 수송을 하지 못하면서 일부 어려움이 있었던 것으로

알고 있습니다. 그러나 '위기'라고 할 만큼은 아닙니다. 그 것은 한중카페리 수익 구조 때문에 그렇습니다. 여객과 화물을 모두 운송하는 한중카페리는 일반적으로 수익의 70~80%를 화물에서 창출하고 있습니다. 물론 선사마다 차이가 있을 수 있지만, 여객보다 화물 부문에서 더 많은 수익을 내는 것은 모두 마찬가지입니다.

이 때문에 여객 수익이 '0'이 된다고 해도 위기를 겪지 않을 수 있습니다. 만약 화물 운송을 못 하게 됐다면 선사들은 지금보다 더 큰 어려움을 겪을 수밖에 없었을 것입니다.

선사 입장에서 긍정적인 부분은 화물 운송 운임이 상승하고 있다는 점입니다. 전 세계적으로 컨테이너 운임은 역대 최고치를 경신하고 있습니다. 특히 미국과 유럽 등을 오가는 컨테이너 운임은 큰 폭으로 상승했습니다. 이 때문에 원양 선사인 HMM은 2021년 역대 최대인 6조 원의 영업이익을 올렸습니다.

한중카페리는 미국과 유럽을 오가는 원양 항로만큼은 아니지만 예전과 비교해 2021년엔 운임이 올랐습니다. 이 때문에 여객 부문에서 수익을 내지 못하고 있지만, 운영이 중단될 정도의 큰 차질은 빚지 않았습니다.

Q. 한중카페리는 다른 항로와 마찬가지로
선사가 원하면 만들 수 있나요?

A. 그렇지 않습니다. 만약 A사가 한국과 중국을 오가는 카페리를 운항하려고 한다면 양국의 동의가 있어야 합니다. 한중 항로는 개방돼 있지 않기 때문에 양국 합의를 통해 진행됩니다. 추가 항로 개설을 위한 논의는 '한중해운회담'에서 이뤄집니다.

한중 항로를 오가는 선사들로 구성된 '한중카페리협회'와 '황해정기선사협의회' 의견도 중요합니다. 높아지는 수요에 대응하기 위해서는 추가로 항로를 개설하는 것이 필요하지만, 너무 많은 항로가 개설되면 경쟁이 심화할 수 있습니다. 이 때문에 한중카페리협회와 황해정기선사협의회는 이러한 상황 등을 토대로 항로 추가 개설 등에 대한 의견을 제시합니다.

가장 최근 한중카페리 선박이 추가 투입된 것은 2018년 4월입니다. 1척이 다니던 군산~스다오 항로에 선박 1척이 추가로 투입돼 2척이 운항하게 됐습니다. 이때에도 한중해운회담에서 논의가 이뤄져 선박 투입이 결정됐습니다.

'항로 자유화'란
무엇일까

전 세계는 점점 가까워지고 있습니다. 외국에 있는 물건도 인터넷으로 주문하면 며칠 지나지 않아 집 앞으로 배송됩니다. '세계화', '글로벌'이라는 단어는 일상 속에서 자연스럽게 사용됩니다. 각 국가는 무역 장벽을 낮추고 있고, 문화·상품은 국경을 넘나들고 있습니다. 항공기와 선박은 쉴 새 없이 이를 실어나릅니다.

그중에서도 중국은 인천과 가장 가까운 국가입니다. 인천항의 대(對)중국 컨테이너 물동량은 60%를 차지합니다. 인천과 중국은 서해를 사이에 두고 있다는 점에서 지리적으로 가깝습니다.

또 인천이 수도와 가까이 있다는 점에서 인천항은 1883년 개항 때부터 '관문' 역할을 했습니다. 인천항은 개항 이후 성장을 거듭했습니다. 산업화 시대에는 주요 원자재 수입 항만으로 역할을 하며 경제 성장에 기여했습니다. 1992년 한중 수교가 이뤄지면서 다시 인천항과 중국의 교역이 활성화됐습니다.

인천항과 중국을 오가는 컨테이너 선박은 하루에도 수십 척에 이릅니다. 이들 선박은 일정한 규칙에 의해 움직입니다. '한중항로'가 완전히 자유화되지 않았기 때문입니다. 수출·수입 화물이 있다고 아무 선박이나 띄울 수 없는 것입니다.

Q. '항로 자유화'는
무엇을 의미하나요?

A. 해운 부문에서 항로 자유화는 선사들이 원하는 항로를 오갈 수 있는 것을 의미합니다. 예를 들어 HMM이 인천~미국 LA 노선이 수익성이 있다고 판단해 선박을 투입하고 싶을 때 실행할 수 있는 것입니다. 국제적으로 대부분의 항로는 개방돼 있습니다. 선사는 기항하는 터미널과 협의해 항로를 개설한 후 선박을 운항할 수 있습니다. 특히 정기 컨테이너 노선은 각 선사가 항만별 물동량과 운항 시간, 접안 가능 여부 등을 종합적으로 판단합니다.

다만 한국과 중국을 잇는 컨테이너 노선은 개설이 제한됩니다. 한국과 중국 선사들이 한중 컨테이너 노선을 운항하기 위해서는 '항권'을 가지고 있어야 합니다. 항권은 한국과 중국 각 선사가 컨테이너 선박을 운항할 수 있는 권리를 말합니다. 항권은 한국과 중국 선사에 동일하게 주어집니다. 또 노선별로 항권이 구분됩니다. 예를 들어 인천~상하이 항권을 가지고 있는 고려해운은 다른 한중 항로에는 선박을 투입하지 못합니다.

한중 양국은 선사들의 경쟁력 확보 등을 이유로 이러한 방식을 유지하고 있습니다. 항로를 추가로 투입하기 위해서는 양국 정부가 참여하는 '한중해운회담'에서 결정돼야 합니다.

Q. 항권을
양도 · 양수할 수 있나요?

A. 항권의 양도 · 양수는 되지 않습니다. 현재 70여 개 항권이 운영되고 있습니다. 한중카페리도 항권을 가지고 있는 선사가 운영하는 것입니다. 만약 선사가 가지고 있는 항권을 이용하지 않기로 결정하면 반납할 수 있을 것입니다. 그렇게 되면 황해정기선사협의회 등에서 협의해 항권 활용 여

부를 결정하게 됩니다. 다만 항권을 가지고 있지 않더라도 항권을 가지고 있는 선사의 선복을 빌려 컨테이너를 수송할 수 있습니다.

한중카페리도 항권을 가진 선사가 운영하고 있다고 보면 됩니다.

항권은 노선뿐 아니라 한 차례 운항할 때 실을 수 있는 컨테이너의 수도 정해져 있습니다. 보통 650TEU(1TEU는 20피트 컨테이너 1대분)를 실을 수 있습니다. 점차 선박의 규모가 커지면서 실을 수 있는 컨테이너도 늘어나는 추세입니다. 기존에는 500TEU였으나, 몇 년 전 650TEU로 늘어났다는 게 업계 설명입니다.

650TEU라는 제한이 있긴 하지만, 이를 엄격하게 지키지 않는다고 합니다. 한중 간 합의에 의해 650TEU로 정했으나, 이를 상시 관리·감독하는 것이 사실상 쉽지 않기 때문입니다. 이 때문에 일부 용량을 초과해 운송하는 선사도 있다고 합니다.

Q. 항권이 없으면
한국~중국 항로를 운항할 수 없나요?

A. 그렇지 않습니다. 항권은 한국과 중국 선사들에 해당합니다. 제3국 선사는 자유롭게 이용할 수 있습니다. 세계적으로 항로 자유화가 이뤄졌기 때문입니다. 그 예로 세계 1위 선사인 덴마크의 머스크도 인천항과 중국을 거쳐 동남아로 이어지는 항로를 운영하고 있습니다. 다만 한국과 중국 선사의 비중이 큽니다.

Q. 세계적으로 항로 자유화가 이뤄지고 있는데,
항권이 유지되는 이유는 무엇인가요?

A. 각국의 이해관계가 맞아떨어지기 때문인 것으로 보입니다. 항권이 없으면 경쟁이 치열해질 수밖에 없습니다. 한국과 중국은 가깝기도 하지만 가장 교역이 많은 국가입니다. 항권이 없어지고 항로 자유화가 이뤄지면 많은 선사가 항로에 선박을 투입할 것이고 경쟁은 치열해집니다.

특히 한국 선사들은 항로 자유화가 이뤄지면 중국 선사들이 자본을 토대로 낮은 운임을 책정할 수 있다고 우려합니다. 이는 국내 선사들의 피해로 이어질 것이고 결국 한중 항로에 몇몇 대형 선사만 남게 될 수 있다는 우려가 나옵니다.

그럼에도 '한중 항로 개방'은 꾸준히 논의되고 있습니다. 한중 정부가 참여하는 한중해운회담이 논의의 장입니다. 다만 최근 진척은 없습니다. 양국은 원칙적으로 항로를 개방한다는 점에 동의하고 있으나, 그 시기에 대해서는 결정하지 못하고 있습니다.

Q. 항공 부문은
자유화가 이뤄졌나요?

A. 항공 부문은 더 엄격하다고 볼 수 있습니다. 해운 부문에 비교하면 제한이 많은 편입니다. 예를 들어 대한항공이 '인천~프랑스 파리' 노선에 여객기를 투입하고자 한다면 정부의 승인을 받아야 합니다.

세계 각국은 항공기의 원활한 운항을 위해 국가 간 '항공협정'을 맺습니다. 여기에서는 항공 노선, 운항 편수, 운항 항공기의 여객 수 등을 결정합니다. 여기에서 결정된 결과를 토대로 각국 정부는 각 항공사에 '운수권'을 배분합니다. 대한항공이 인천~프랑스 파리 노선을 운항하기 위해서는 정부로부터 운수권을 받아야 가능합니다.

각 항공사의 수익은 운수권을 얼마나 확보하느냐에 따라 결정된다고 볼 수 있습니다. 해외여행 수요가 늘어나면서 각국은 협정을 통해 운수권을 확대하는 추세입니다. 운수권을 가지고 있는 항공사는 정기적으로 항공기를 운항해야 권한을 이어갈 수 있습니다. 지난해 확산한 코로나19 영향으로 항공사들은 국제선 운항을 포기했습니다. 운수권이 박탈될 수 있던 상황이었으나, 코로나19 사태라는 특수한 상황이기 때문에 정부가 운수권 회수를 유예하고 있습니다.

항공 자유화는 여러 단계로 나뉘어 있다는 특징이 있습니다. 이는 뒤에 다시 자세히 다뤄보도록 하겠습니다.

항만의 경쟁력 좌우하는
'배후단지'

물류는 제품을 생산하고, 완성된 제품이 소비자에게 인도되는 모든 과정을 일컫습니다. 하나의 제품이 만들어지기까지 수많은 소재와 부품 등이 모여 완성된 제품을 만들고, 이 제품은 또 소비지까지 많게는 수천*km*를 이동합니다. 자동차를 예로 들면 2만여 개의 부품이 필요하다고 합니다. 각각의 부품이 이동하는 동선을 줄이는 것은 제품 생산에 들어가는 비용을 줄이는 데 핵심적인 역할을 합니다. 제품을 소비지까지 보내는 데에도 최적화된 경로를 찾습니다. 이를 '공급망 관리(SCM · Supply Chain Management)'라고 표현하기도 합니다. 최근 반도체 공급이 부족해지면서 자동차 생산에 차질을 빚고 있는 것도 공급망 관리의

한 측면이라고 볼 수 있습니다.

공급망 관리에서 중요한 것 중 하나가 바로 '거점'입니다. 기업들은 부품이나 제품의 동선을 최소화할 수 있는 곳에 거점을 마련합니다. 항만 배후단지는 물류 활동의 거점으로 중요한 역할을 합니다.

Q. 항만 배후단지의 역할은 무엇인가요?

A. 항만 배후단지는 항만구역 내 또는 항만 주변에서 항만과 연계해 물류·제조 활동이 이뤄지는 공간입니다. 인천항에서는 연간 300만TEU의 컨테이너가 처리됩니다. 이들 컨테이너가 각각의 수출공장에서 항만으로 직접 이동하면 비효율이 초래됩니다. 항만 내 공간이 부족해 컨테이너를 실은 차량이 대기해야 하는 상황이 생길 수 있습니다. 이는 추가 비용과 시간을 필요로 합니다. 수입할 때도 마찬가지입니다. 항만에 하역한 컨테이너는 바로 목적지로 가기 어렵습니다. 한 컨테이너에 여러 화주가 있을 수 있기 때문입니다. 이 때문에 항만 주변에 대규모 물류센터가 있습니다. 수출입 비중이 큰 공장이라면 항만 인근에 위치하는 것이 물류비용을 절감하는 방법이 되기도 합니다. 이 때문에 글

로벌 항만은 모두 배후단지를 가지고 있습니다. 배후단지와 항만은 서로의 경쟁력을 높이는 역할을 합니다.

~ 인천 아암물류 1단지에 위치한 화인통상 물류센터 내부.

Q. 항만 배후단지가 다른 산업단지와 다른 점은 무엇인가요?

A. 산업단지는 제조업이 중심이지만, 항만 배후단지는 물류 활동이 중심이라고 할 수 있습니다. 보관 · 포장 · 운송 · 라벨링 · 분류 등의 활동입니다. 이 때문에 항만 배후단지에는 대규모 물류창고가 많이 들어서 있습니다. 항만 배후단지에서 제조업 활동도 가능하지만, 항만 배후단지 특성

상 물류센터가 다수를 차지합니다. 또 하나의 차이는 개별
기업의 규모입니다. 산업단지는 부지가 1천m^2 미만 공장도
다수 존재하지만, 항만 배후단지에서 활동하는 기업은 1만
m^2를 넘는 기업이 대부분입니다. 이는 물류 활동을 하는 항
만 배후단지의 특성에 기인합니다. 트럭 상하차장과 함께
트럭이 이동할 수 있는 공간이 필요합니다. 물류센터 특성
상 다양한 화물이 대규모로 들어오기 때문에 일정 수준 이
상의 규모가 되어야만 활동이 용이합니다.

Q. 인천항 배후단지는
어디에 있나요?

A. 현재 운영되고 있는 인천항 배후단지 중에는 아암물류 1단
   지가 대표적입니다. 인천항 신흥동 3가에 있는 아암물류 1
   단지는 96만1천m^2 규모이며, 16개 기업이 활동하고 있습니
   다. 아암물류 1단지는 인천 내항 · 북항 · 신항 등의 항만을
   지원하는 역할을 하고 있다고 볼 수 있습니다. 인천항 물동
   량을 창출하고, 물류 활동이 원활하게 하는 역할을 합니다.
   아암물류 1단지에서 창출된 물동량은 연간 30만TEU 정
   도입니다. 인천항에서 연간 처리하는 물동량 300만TEU의
   10% 수준입니다.

아암물류 1단지가 개장한 2007년 이후 인천 신항이 개장하는 등 인천항 인프라가 확대됐지만, 물류단지 확대는 이에 미치지 못했다는 평가가 있습니다. 인천항만공사와 해양수산부 등은 인천 신항 배후단지와 아암물류 2단지를 조성한다는 계획을 가지고 있습니다.

인천 서구에는 북항 배후단지가 있습니다. 인천 북항은 컨테이너 화물을 처리하지 않는 벌크(bulk) 항만입니다. 특히 목재 화물을 전국에서 가장 많이 처리하는 항만이기도 합니다. 이 때문에 북항 배후단지에는 목재 관련 기업 등 비(非)컨테이너 화물과 관련한 기업이 다수 입주해 있습니다.

Q. 인천 신항 배후단지가 늦어진 이유는 무엇인가요?

A. 인천 신항은 2015년 개장했습니다. 하지만 인천 신항 배후단지는 2021년에야 일부 기업이 운영을 시작했습니다.

항만과 배후단지는 하나의 세트로 계획됩니다. 항만을 조성할 때 배후단지 부지도 염두에 둡니다. 인천 신항을 계획할 때도 배후단지 부지가 정해져 있었습니다. 그럼에도 조성이 늦어진 점은 여러 이유가 있습니다. 그중 가장 중요한 부분은 '예산'이라고 볼 수 있을 것 같습니다. 배후단지를 조성할 때 예산이 투입됩니다. 이를 결정하기 위해 여러 절차를 거치게 됩니다. 그런데 항만에 비해 배후단지에 대한 중요성은 상대적으로 시급하지 않게 여겨지기도 합니다. 이 때문에 예산 배정이 늦어진 점이 영향을 미쳤을 것으로 보고 있습니다.

급하게 배후단지를 조성하는 것보다 많은 물동량을 창출할 수 있는 견실한 기업을 유치하기 위해 오랜 시간이 걸리기도 합니다. 배후단지는 그 특성상 대규모 부지를 필요로 하고, 대규모 부지를 활용하겠다는 기업이 있어야 합니다. 이들 기업은 탄탄한 재무구조뿐 아니라 인천항에 얼마나 좋은 영향을 미칠지도 검토 대상입니다. 이러한 요소들이 인천 신항 배후단지 조성을 늦추는 결과를 가져왔습니다.

Q. 인천 신항 배후단지는 언제쯤 완성되나요?

A. 인천항만공사는 인천 신항 배후단지 복합물류클러스터 1-1단계 1구역 입주 기업인 에스아이앤엘㈜가 2021년 11월 개장식을 열었다고 밝혔습니다. 이에 에스아이앤엘을 포함해 5개 기업이 운영을 시작하게 됐습니다. 인천 신항

배후단지는 1-1단계 부지가 1~3구역으로 구분돼 있습니다. 이 중 가장 먼저 1구역 운영을 시작한 것입니다.

인천항만공사는 신항 물동량 견인을 위해 송도국제도시 10공구 일원에 배후단지 복합물류 클러스터를 조성했습니다. 지난해 8개 입주 기업을 선정했습니다. 이 중 에스아이앤엘, (주)동양목재, (주)디앤더블유로지스틱스, (주)케이원, 한국로지스풀(주) 등 5개 기업이 운영을 시작했고, 2022년에도 추가로 기업이 입주했습니다.

2구역은 민간투자 개발 방식으로 조성됩니다. 현대산업개발 컨소시엄이 2021년에 부지 조성공사를 시작했습니다. 부지 조성, 입주 기업 선정, 착공 등의 과정을 거치면 5년 안팎 소요될 것으로 전망됩니다. 1-1단계 3구역과 1-2단계 사업은 아직 부지 조성공사를 시작하지 못했습니다. 해양수산부는 이들 구역을 민간투자 개발 방식으로 조성하려고 합니다. 인천 항만업계는 민간투자 개발 방식으로 인해 신항 배후단지의 공공성이 약화될 것을 우려하고 있습니다.

Q. 항만 배후단지를 1종과 2종으로 구분하는데, 차이는 무엇인가요?

~ 2종 항만 배후단지인 '골든하버'(국제여객터미널 배후 부지) 조감도. 투자 유치가 이뤄지지 않아 개발이 지연되고 있다. /인천항만공사 제공

A. 전통적인 항만 배후단지를 1종으로 보시면 될 것 같습니다. 2종 배후단지라는 개념이 생겨난 것은 10년이 채 되지 않았습니다. 해양수산부가 2013년 발표한 '제2차 항만 배후단지 개발 종합계획'에 2종 배후단지가 처음 포함됩니다. 항만 배후단지의 역할을 강화하며 물류 거점을 넘어 조립·가공·제조 등이 원활하도록 하기 위해 부지를 구분한

것입니다. 1종은 화물의 조립·가공·제조시설과 물류기업이 입주하도록 하고, 2종은 이들 시설을 지원하기 위한 업무·상업·주거시설 등이 들어설 수 있도록 했습니다.

인천항의 경우 아암물류2단지 일부 부지와 '골든하버'(국제여객터미널 배후 부지)가 2종 항만 배후단지로 지정돼 있습니다. 2종 배후단지는 주거·상업시설 등이 중심이 되기 때문에 물류센터 중심의 배후단지(1종)와는 다른 모습을 띨 것으로 전망됩니다.

특히 골든하버는 송도국제도시 9공구에 있으며, 부지 면적이 42만m^2에 달합니다. 인천항만공사는 골든하버 부지에 쇼핑몰과 호텔 등을 건립해 동북아 대표 해양관광지로 조성한다는 계획을 가지고 있지만, 투자 유치 등에 어려움을 겪고 있습니다.

다만 해양수산부가 2022년 11월에 골든하버 투자를 어렵게 했던 규제를 풀면서, 골든하버 조성도 2023년엔 가시화할 수 있을 것이라는 기대가 있습니다.

탄소 배출 줄이는
'연안 해운 물류'

화물이 이동할 때 탄소가 발생합니다. 운송수단이 필요하기 때문입니다. 자동차, 철도, 선박, 항공기 등입니다. 이들 운송수단을 움직이는 데에는 연료가 필요하고, 이는 탄소 배출로 이어집니다. 한 화물이 움직인 거리 등을 종합해 탄소 배출의 양을 나타내는 것을 '탄소발자국'이라고 표현하기도 합니다. 탄소발자국을 줄이는 방법은 화물의 이동 거리를 줄이거나, 화물이 이동하는 데 소요되는 연료의 양을 줄이면 됩니다. 이는 운송수단과 연결됩니다. 같은 화물을 같은 거리로 운송했다고 하더라도 운송수단마다 연료 소비량과 탄소 배출량이 다르기 때문입니다.

Q. 국내 화물 운송은
주로 어떤 수단을 이용하나요?

A. 국내를 오가는 화물의 90% 이상이 자동차를 통해 운송됩니다. 국토교통부는 국내 화물 수송량을 운송수단별로 분담률을 조사합니다.

국토부에 따르면 2016년부터 2019년까지 매년 공로(도로)를 통한 화물 운송 비중은 90%를 넘었습니다. 2016년 91.3%에서 2019년 92.6%로 소폭이지만 늘어나는 추세입니다. 공로를 통한 화물 운송은 트럭이 활용된다고 보면 될 것 같습니다. 2019년 공로를 통한 화물 운송량은 18억 4천724만입니다. 다음으로 높은 비중을 차지하는 수단은 해운입니다. 2016년 6.7%에서 2019년 6.0%로 소폭 줄었습니다. 철도가 1%대 분담률을 기록했으며, 항공 부문은 0.1% 수준에 불과했습니다.

수출입 화물은 무게를 기준으로 했을 때 99%가 선박을 통해 운송됩니다. 이는 삼면이 바다로 둘러싸여 있고, 북쪽은 휴전선으로 막혀 있는 지정학적 특성 때문입니다. 외국에서 국내로 들어올 때, 국내에서 외국으로 보낼 때 대부분 선박이 활용됩니다. 일부는 항공기로 운송됩니다. 국내 항만에 도착한 화물은 대부분 트럭을 통해 목적지로 간다고 보면 됩니다.

Q. 화물 운송에 도로가 많이 활용되는데,
그 이유는 무엇인가요?

A. 화주가 화물을 운송할 때 가장 중요하게 여기는 부분 중 하나는 비용입니다. 또 고려하는 요소는 운송 시간입니다. 화주는 저렴하면서도 빠르게 운송할 수 있는 수단을 찾게 됩니다. 이 부분에서 트럭은 좋은 방법이 됩니다. 우리나라는 국토 면적이 넓지 않습니다. 육상 운송을 활용해도 6시간 안팎이면 국내 어디든 갈 수 있습니다. 도로 인프라도 잘 갖춰져 있습니다. 이 때문에 도로를 통한 운송은 빠르다는 장점이 있습니다.

선박과 철도는 단위 무게당 운송료는 더 저렴하지만, 번거롭다는 단점이 있습니다. 철도나 선박은 목적지 근처까지 갈 수 있지만, 목적지인 물류센터로 이동하기 위해서는 트럭에 화물을 옮기는 절차를 거쳐야 합니다. 이 때문에 도로 비중이 높은 것으로 분석됩니다. 항공 운송은 가장 빠르다는 장점이 있지만, 운송료가 비싸다는 단점이 있습니다. 국토가 좁은 우리나라에서 빠르다는 항공 운송의 장점이 빛을 발하기 어렵습니다.

우리나라는 제주도를 비롯한 많은 섬이 있습니다. 이 때문에 일정 화물은 선박을 통한 운송이 불가피합니다. 이러한 부분이 철도 운송보다 선박 운송의 비중이 높게 나오는 이유인 것으로 분석됩니다.

Q. 도로를 통한 운송의 장단점은 무엇인가요?

A. 도로 운송은 비교적 빠르게 화물을 운송할 수 있다는 장점이 있습니다. 화물을 옮겨 싣는 과정을 거치지 않아도 되기 때문에 편하기도 합니다. 선박과 철도를 병행하는 것보다 운송 비용이 비싼 것은 단점입니다.

사회적으로는 도로 운송의 단점이 많습니다. 최근 환경에 대한 관심이 높아지고 있습니다. 도로 운송은 가장 친환경적이지 않은 운송 방법입니다. 가장 많은 탄소를 배출하기 때문입니다. 같은 무게의 화물을 같은 거리를 운송한다고 했을 때 탄소 배출량은 항공기, 차량, 철도, 선박 순으로 많습니다. 국내에서 항공 운송 비율은 극히 낮습니다. 우리나라의 경우, 트럭으로 화물을 운송하는 방식이 가장 많은 탄소를 배출하고 있는 셈입니다.

도로 운송은 또 다른 단점이 있습니다. 트럭이 도로를 이용하다 보면 도로의 파손이 빨라집니다. 또 많은 트럭의 운행으로 도로 정체가 심해지는 등 교통 혼잡 비용이 발생합니다. 교통 혼잡은 운전 시간과 연료 소모량 증가 등 사회적 비용을 발생시킵니다. 도로 운송이 줄어들면 교통사고를 줄일 수 있을 것이라는 기대도 있습니다. 국내 교통사고 중 화물차와 연관된 비율은 20%에 달한다는 통계가 있습니다.

Q. 탄소 배출을 줄이기 위해 선박 운송을 늘릴 방법은 없나요?

A. 2010년대 중반까지만 해도 인천항과 부산항을 오가는 컨테이너선이 있었습니다. 두 도시의 앞글자를 따서 '인부선'이라는 이름으로 불렀습니다. 지금은 운항되지 않고 있습니다. 인부선을 이용하는 화주가 많지 않다 보니 선사 입장에서는 수익성이 좋지 않아 운항을 중단한 것으로 알려졌습니다.

그때와 달리 지금은 환경에 대한 중요성이 더욱 강조되고 있습니다. 인부선과 비슷한 형태의 정기 항로를 운영하는 것이 탄소 배출을 줄일 것으로 기대됩니다.

화주들의 선박 이용을 유도하기 위해서는 정책적 지원이 뒷받침돼야 한다는 의견이 많습니다. 당장 수익을 내기 힘든 상황에서 선사가 선박을 투입하긴 어렵기 때문입니다. 일정 수준 이상의 물동량이 확보되어야 항로 운영이 원활해지는데, 이를 정책적 지원으로 유도해야 한다는 것입니다.

잠재 수요는 있을 것으로 예상됩니다. 특히 인천항은 국내 연안 운송 분야에서 역할이 확대될 수 있다는 기대가 있습니다. 인천을 비롯해 수도권에는 제조업 단지가 밀집해 있습니다. 인천에는 남동·부평·주안국가산업단지, 경기도에는 시화국가산업단지 등이 있습니다. 이들 산단 입주 기업들이 미국이나 유럽으로 화물을 수출할 때는 대부분 부산항을 이용합니다. 부품 등을 수입할 때도 마찬가지입니다. 인천항은 미국 항로 1개만 개설돼 있어, 기업이 이용하기 쉽지 않습니다. 수도권 기업이 수출입 화물을 부산항으로 옮길 때 트럭이 아닌 선박을 이용하도록 하는 정책이 필요해 보입니다.

~ 2021년 12월 운항을 시작한 비욘드 트러스트호. 이 선박은 인천~제주를 주 3회 왕복하며, 연간 100만t의 화물을 운송할 것으로 전망된다.

Q. 국내에서 선박을 통해 운송되는 화물은 어떤 것들이 있나요?

A. 섬 지역을 오가는 화물이 있습니다. 2021년 12월 인천과 제주도를 오가는 카페리 '비욘드 트러스트호'가 운항을 시작했습니다. 이 선박을 운영하는 선사 '하이덱스스토리지'는 연간 100만t의 화물을 운송할 것이라고 전망했습니다. 제주도에서는 감귤과 삼다수 등을 실어 수도권으로 보내고, 인천에서는 건축 자재 등을 제주도로 운송한다는 계획입니다. 비욘드 트러스트호 운항으로 일부 도로 운송이 줄어들 것으로 예상됩니다. 비욘드 트러스트호 운항 이전에는 삼다수 등을 내륙으로 공급할 때 제주도에서 목포항으

로 보낸 뒤 이를 수도권으로 옮기기도 한 것으로 알려졌습니다.

유류도 연안 해운 주요 품목입니다. 중동과 같은 산유국에서 원유를 실은 유조선은 주로 울산이나 여수항으로 향합니다. 이곳에서 원유를 하역한 뒤 일부가 인천에 있는 SK 인천석유화학 부두 등으로 옵니다. 이 때문에 인천항 벌크 화물을 국가별로 구분했을 때 가장 높은 비율을 차지하는 것이 '국내 다른 항만'입니다. 종류별로 보면 유류가 약 35%, 모래 약 30%, 시멘트 18% 정도입니다. 대부분 원자재와 원료 화물이며, 소비재 비율은 극히 낮습니다.

인 천 · 물 류 · 공 부

인천공항 톺아보기

국내 항공 물류 핵심 인프라
'화물터미널'

인천공항 화물터미널은 국내 항공 물류의 핵심 인프라라고 할 수 있습니다. 화물 항공기들은 화물터미널이 없으면 활용도가 크게 떨어질 수밖에 없습니다. 여객들이 여객터미널을 통해 항공기를 이용하듯, 화물터미널은 화물기를 통한 운송이 원활하게 이뤄지도록 하는 역할을 합니다.

코로나19가 확산한 기간에 항공기를 통해 운송한 대표적 화물은 코로나19 백신입니다. 포털사이트에서 '인천공항 화물터미널'을 검색하면 백신 수송과 관련한 콘텐츠가 많이 노출되는 이유이기도 합니다. 특히 백신은 유통기한이 길지 않고, 온도와 충격에 민감하기 때문에 전량 항공 운송이 이뤄집니다. 미국에서 해상 운송을 통해 국내로 들어오면 한 달 정도가 소요됩니다. 항공 운송이 12시간 소요되는 것과 비교하면 차이가 많이 납니다.

인천공항 화물터미널은 국내 항공 물류의 거점입니다. 대한항공과 아시아나항공을 비롯해 다양한 국내외 항공사들이 화물터미널을 운영하고 있습니다.

Q. 화물터미널에서는
구체적으로 어떤 일을 하나요?

A. 여객터미널과 비교해 보겠습니다. 여객터미널은 여객이 항공기에 탑승하기 전 입출국 절차가 이뤄지는 공간입니다. 항공권 발권, 수하물 발송, 출입국 심사 등이 이뤄집니다. 여기에 면세구역이 있어 쇼핑의 공간으로도 활용됩니다.

화물터미널에서는 화물이 항공기에 실리기 위한 과정을 거친다고 보면 될 것 같습니다. 수만 개 화물을 항공편별로 분류하고, 이를 규격화된 용기에 담는 작업이 화물터미널에서 이뤄집니다. 항공기에 화물을 싣기 위해서는 항공기에 맞는 규격의 상자에 넣어야 합니다. 항공 화물 전용 탑재 용기는 'ULD(Unit Load Device)'라고 부릅니다. 선박에 컨테이너를 싣는 것처럼 항공기에는 ULD를 싣는다고 보면 될 것 같습니다. ULD는 여러 규격이 있습니다. 항공기 기종에 따라, 항공기 중에서도 탑재되는 위치가 상부인지 하부인지 등에 따라 다양한 규격이 있습니다. 항공기 내부 구조에 따라 상자 규격이 다릅니다.

각 화물의 무게도 측정합니다. 무게 측정은 항공기에 실렸을 때 무게 중심이 한쪽으로 쏠리는 것을 막기 위한 것입니다. 이는 안전과도 직결됩니다. 이렇게 ULD에 넣은 화물을 항공기에 적재하는 작업까지 화물터미널에서 이뤄집니다.

∼ 대한항공이 운영하는 인천국제공항 화물터미널.

Q. 최근 눈에 띄게 늘어나는

항공 화물이 있다면 무엇인가요?

A. 한두 마디로 설명하기는 어렵습니다. 일상에서 사용하는 대부분의 물품이 항공기를 통해 운송된다고 봐도 무방합니다. 다만 코로나19 영향으로 코로나19 백신, 진단키트 등 의약품 운송이 많이 늘었습니다. 해외에서 생산된 백신은 100% 항공을 통해 국내로 들어옵니다. BTS(방탄소년단) 관련 상품도 늘었다는 것이 항공사들의 이야기입니다. BTS CD부터 포스터, 다양한 굿즈 등이 전 세계로 운송되고 있다고 합니다. 상대적으로 가볍고 빠른 운송이 필요한 물품은 항공기를 통해 수송합니다. 이들 물품이 분류되고, 하나의 상자에 적재되는 과정이 화물터미널에서 이뤄지다 보니 화물터미널 종사자들은 시기마다 늘어나는 물품 등에 대한 정보가 생기게 된다고 합니다.

Q. 화물터미널은 항공사마다

전용 공간이 있나요?

A. 그렇습니다. 인천공항 화물터미널에는 대한항공, 아시아나항공, DHL, 페덱스, AACT 등 각각의 항공사가 사용하는 화물터미널 청사가 있습니다. 화물터미널 청사에서 작업이

이뤄진 화물들이 계류장에서 적재되는 방식입니다. 각각의 화물터미널에서는 협력하는 항공사의 화물을 처리하기도 합니다. 예를 들어 페덱스 화물터미널에서 처리한 화물을 다른 항공사 항공기에 싣기도 합니다. 모든 항공사가 화물터미널 청사를 가지고 있지 않기 때문에 항공사들이 협력해 화물을 보내고 받습니다.

항공사별로 보면 대한항공이 8만 8천m^2 규모로 가장 큰 화물터미널을 운영하고 있습니다. 아시아나항공은 5만 4천m^2 규모이며, 외항사 화물터미널(4만 8천415m^2)은 아시아나에어포트, 페덱스, UPS, 한국공항이 각각 사용하고 있습니다. 미국 화물항공사인 아틀라스항공사가 운영하는 AACT(Atlas Air Cargo Terminal), DHL 터미널 등도 운영되고 있습니다.

Q. 인천공항 화물 물동량이 늘어나고 있는데, 화물터미널도 확장이 이뤄지나요?

A. 맞습니다. 인천공항 여객 수가 늘어나자 제2여객터미널을 개장(2018년)한 것처럼 화물터미널도 확장이 이뤄지고 있습니다.

인천공항 물동량은 2001년 개항 이후 매년 늘어나는 추세에 있습니다. 대외 변수에 따라 물동량이 줄어든 해도 있지만, 전반적으로 우상향하는 그림을 보여주고 있습니다. 2021년 엔 개항 이후 처음으로 연간 300만t 이상의 물동량을 기록하면서, 국제화물 기준으로 세계 2위를 달성했습니다.

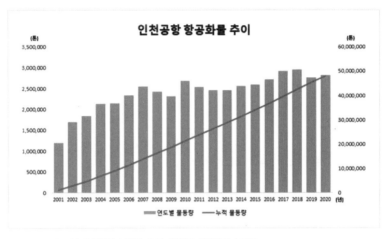

~ 2001~2020년 인천공항 물동량 추이 /인천국제공항공사 제공

화물터미널 확장도 활발하게 이뤄지고 있습니다. DHL은 현재 운영하는 터미널의 1.5배 규모의 터미널을 짓고 있습니다. 최첨단 물류자동화시스템을 설치하며, 인천공항 화물 경쟁력 강화에 도움이 될 것으로 기대되고 있습니다. DHL 신규 터미널은 2020년 9월에 착공했으며, 2022년 말 운영을 시작할 예정입니다. 터미널이 확장하면서 2030년 DHL의 화물 처리 건수는 2018년 대비 65%, 처리 물동량

은 83% 늘어날 것으로 예상됩니다.

페덱스도 전용 터미널을 신축했습니다. 2022년 하반기부터 본격적으로 가동됐습니다. 터미널 내부에 장비 등을 설치한 뒤 시범운영 기간을 거쳐 내년 상반기에 본격적으로 가동될 예정입니다. 페덱스가 전용 터미널을 확보함에 따라 현재 사용하고 있는 외항사 터미널은 다른 사업자가 들어올 예정입니다.

Q. 화물터미널과 일상생활과는
어떤 연관성이 있을까요?

A. 앞서 언급한 것처럼 일상에서 사용하는 많은 물품이 항공을 통해 운송됩니다. 음식, 약, 문화 상품 등 다양합니다. 화물터미널은 이들 물품이 더욱 빠르고 원활하게 흐르도록 도와줍니다. 예를 들어 반도체를 수입해야 하는데 화물터미널 공간이 부족하다 보면 항공기 도착을 미룰 수밖에 없는 상황이 올 수 있습니다. 또 항공기를 통해 물건이 공항에 왔다고 하더라도 충분한 공간이 없으면 하역·분류 작업이 늦어질 수 있습니다. 이는 결국 소비자 손에 들어가기까지 기간이 길어진다는 것을 의미합니다.

인천공항이 세계 3위의 항공 화물 물동량을 기록하고, 꾸준히 물동량 증가세를 유지할 수 있는 데에는 항공 네트워크, 화물터미널과 같은 인프라, 운영 노하우 등이 적절하게 조화를 이뤘기 때문입니다.

빠르지만 비싼 운송수단
'화물 항공기'

이번 소재는 '화물 항공기'입니다. 줄여서 '화물기'라는 표현을 많이 씁니다. 항공기는 가장 빠른 운송수단입니다. 속도로 비교하면 로켓이 더 빠르겠지만, 아직은 로켓을 운송수단으로 보지 않습니다. 화물기는 가장 빠른 운송수단이면서 운송 비용이 가장 비싸기도 합니다. 한 번에 실을 수 있는 짐의 양이 선박과 비교하면 적다는 특징도 가지고 있습니다.

코로나19 영향을 받기 전 인천공항은 국제여객 수 기준 세계 5위 공항이었습니다. 하지만 코로나19 사태로 2020년부터 2022년까지 인천공항 여객은 큰 폭으로 줄었습니다. 하루 19만 명에

달했던 여객 수는 2021년 1만 명을 밑돌기도 했습니다. 여객의 발길은 끊겼지만, 인천공항을 통한 화물의 흐름은 이어지고 있습니다. 2020년 물동량은 오히려 전년 대비 늘어났습니다. 2021년 인천국제공항공사는 2001년 인천공항 개항 이후 누적 화물 물동량이 5천만t을 넘었다고 밝혔습니다.

Q. 모든 항공사가
화물 항공기를 보유하고 있나요?

A. 그렇지 않습니다. 오히려 화물기를 가지고 있지 않은 항공사가 더 많습니다. 국적 항공사 중에는 대한항공과 아시아나항공, 에어인천 등 3개 항공사만 화물기를 운용하고 있습니다. 에어인천은 화물 전용 항공사입니다. 저비용항공사(LCC)인 진에어, 제주항공, 에어부산, 에어서울, 티웨이항공, 이스타항공은 화물기가 없습니다. 신생 항공사인 에어로케이항공, 에어프레미아, 플라이강원도 여객기만 보유하고 있습니다.

~ 인천공항 화물터미널에서 화물 항공기에 짐이 실리고 있다.

Q. 항공 화물은 화물기로만
운송되는 건가요?

A. 아닙니다. 여객기로도 화물을 운송합니다. 여객기는 하부에 '벨리(Belly)'라는 공간이 있는데, 이곳에 화물을 실어 운송합니다. 벨리는 화물뿐 아니라 여객의 수하물을 싣는 공간이기도 합니다. 대한항공 등은 여객들의 수하물을 싣고 남는 공간을 활용해 화물을 운송했습니다.

벨리를 통해서 오가는 화물을 '벨리 카고(Belly Cargo)'라고 부릅니다. 코로나19 이전인 2019년 인천공항 화물 물동량 중

벨리 카고 비율은 40% 정도였습니다. 적지 않은 화물이 여객기를 통해 운송되는 셈입니다. 코로나19 영향으로 여객이 급감하자, 대한항공을 시작으로 세계 각국 항공사들은 여객기에 여객 없이 화물만 싣고 다니기 시작했습니다. 여객기를 화물기로 개조해 수송하는 방법도 사용하고 있습니다.

Q. 수출입 항공 화물은 전부 인천공항을 거치나요?

A. 맞습니다. 정확히 100%는 아니고 99%를 인천공항에서 처리합니다. 2019년 인천공항을 통한 수출액은 1천632억 달러, 수입액은 1천350억 달러입니다. 인천공항 수출입액은 국내 공항 전체의 99%에 달합니다. 사실상 모든 항공 화물은 인천공항을 거친다고 봐도 무방합니다.

인천공항은 세계 공항 중에서도 항공 물류 허브 역할을 하고 있습니다. 무게를 기준으로 한 항공 화물 물동량에서 인천공항은 2021년 세계 2위를 기록했습니다.

인천공항이 항공 화물 허브 기능을 하는 데에는 인천공항의 국제선 네트워크가 역할을 하고 있습니다. 인천공항은 2019년 기준 153개 도시를 취항하고 있습니다. 이는 중국이나 일본의 대표 공항보다 월등히 촘촘한 네트워크입니다. 이 때문에 중국이나 일본에서도 인천공항을 거쳐 목적지로 짐을 운송하기도 합니다.

Q. 국내에 화물 항공기는 몇 대가 있나요?
이들 항공기는 한 번에 짐을 얼마나 실을 수 있나요?

A. 2021년 기준으로 대한항공은 국적 항공사 가운데 가장 많은 23대의 화물기를 운용하고 있습니다. 가장 많은 기종은 B777F로, 한 번에 100t 정도의 화물을 적재할 수 있습니다. 다른 화물기의 적재 용량은 기종마다 다르지만 50~120t 정도입니다. 아시아나항공은 12대의 화물기를 보유하고 있고, 화물 전용 항공사인 에어인천은 3대의 화물기를 운용하고 있습니다.

코로나19 영향으로 화물 운송에 대한 가치가 높아졌습니다. 여객으로 수익을 올릴 수 없게 된 항공사들은 화물 운송을 수입원으로 코로나19 시대를 버티고 있습니다. 코로나19 사태로 전자상거래 시장이 커지면서 화물 운송료도 많이 올랐습니다.

Q. '화물 전용 여객기'는
왜 나왔나요?

A. 화물 전용 여객기는 여객기이지만 여객을 태우지 않고 화물만 싣는 항공기를 일컫습니다. 코로나19 사태가 만든 새로운 용어라고 볼 수 있습니다.

그동안 국적 항공사 대부분은 여객을 중심으로 수익을 창출했습니다. 대한항공도 167대의 항공기가 있지만, 이 중 화물기는 23대에 불과합니다. 대한항공은 코로나19가 발생하기 전 화물기 수를 줄이기도 했습니다. 그러던 상황에서 코로나19 사태가 터졌습니다. 해외여행은 사실상 금지됐고, 그 많은 여객기는 '할 일'이 없어졌습니다. 할 일이 없어진 여객기는 인천공항에 줄지어 대기해야 했습니다. 이 상황에서 고육지책(苦肉之策)으로 나온 방안이 화물 전용 여객기입니다.

대한항공은 2020년 3월부터 화물 전용 여객기를 운항했으며, 2021년 하반기에 1만 회를 돌파했다고 밝히기도 했습니다. 북미, 유럽, 동남아시아, 중국, 일본 등 전 세계 65개 노선에 화물 전용 여객기를 운항했습니다. 세계 각지로 수송한 물량은 40만t에 달합니다. 대한항공이 적극적으로 화물 전용 여객기를 운용한 데에는 항공 화물 운임이 큰 폭으로 상승한 것도 영향을 미쳤다는 게 일반적인 평가입니다.

Q. 화물 운송량이 많은

항공사는 어디인가요?

A. 인천공항을 기준으로 보면 대한항공과 아시아나항공 화물 물동량이 가장 많습니다. 2020년 대한항공은 132만 2천 276t을, 아시아나항공은 66만 2천476t을 운송했습니다. 외국 항공사 중에서는 폴라에어카고가 9만 5천615t으로 가장 많았습니다. 인천공항을 취항하는 전체 항공사 중에서도 3위입니다. 미국 아틀라스항공이 5만 9천597t, Fedex가 5만 9천283t으로 뒤를 이었습니다.

인천공항 화물 물동량 상위 10개 항공사를 보면, 대한항공과 아시아나항공을 제외한 나머지 모두 외국 항공사입니다. 국내 항공사와 카타르항공을 제외하면 모두 화물 전용 항공사라는 특징도 있습니다. 외국 항공사 중에서는 여객과 화물을 모두 운송하는 항공사가 많지 않다고 합니다. 특히 3·4·5·7·8위 등 5개사가 미국 기업입니다. 미국과 우리나라를 오가는 항공 화물이 많다는 점을 보여준다고 할 수 있습니다.

Q. 미국 외에 항공 화물이 많은 나라는 어디인가요?

A. 항공사 수에서 알 수 있다시피 인천공항 화물 물동량을 국가별로 구분했을 때 가장 많은 양을 차지하는 곳은 미국입니다. 인천공항을 통해 미국을 오간 화물은 2020년 62만 1천762t에 달합니다. 이는 인천공항 전체 물동량의 23% 정도입니다. 그다음으로 많은 국가는 '중국'입니다. 53만 3천823t으로 집계됐습니다.

3~5위는 아시아 국가인 일본, 홍콩, 베트남이 각각 차지했습니다. 유럽 국가 가운데 가장 많은 물동량을 기록한 독일은 15만 9천248t으로 전체 국가 중 6위입니다. 독일 수출입 화물은 대한항공, 아시아나항공, 독일 항공사인 루프트한자화물항공이 물량 대부분을 처리했습니다. 10위에 오른 카타르의 물동량 100%를 카타르항공이 운송했듯 각 항공사는 주로 자국의 화물을 실어나르고 있습니다.

항공기도 '수리센터'가 있다?
'MRO 산업'

일반적으로 항공기는 사람이나 화물이 빠르게 이동할 수 있도록 돕습니다. 물류 분야에서는 운송수단이라는 표현을 씁니다. 항공기가 다른 역할을 할 때가 있는데 바로 '화물'입니다. 항공기 그 자체가 화물이 되기도 하는 것입니다. 대표적인 사례가 항공기 수리·정비·개조 등을 위해 항공기가 이동할 때입니다. 이때 항공기는 화물이면서 다른 운송수단 없이 자력으로 이동하는 셈이 됩니다.

화물로서의 항공기 이야기를 꺼낸 이유는 항공 MRO(Maintenance · 정비, Repair · 수리, Overhaul · 분해조립)를 설명하기 위해서입니다. 국내 항공 MRO 산업은 아직 해외에 비해 활성화되지 못했다는 평가를 받습니다. 국내 항공기들이 해외에서 정비·수리를 받으면서 연간 1조 원 이상이 해외로 유출되고 있습니다.

이 때문에 항공 MRO 산업을 육성해야 한다는 목소리는 커지고 있습니다. 이러한 상황에서 최근 인천공항을 중심으로 MRO 산업이 활성화 움직임을 보이고 있습니다.

Q. 항공 MRO는 구체적으로 무엇을 말하나요?

A. 자동차가 정기 점검을 받듯이, 항공기도 정기적인 점검이 필요합니다. A·B·C·D check(체크) 등으로 구분됩니다. A체크는 1~2개월, B체크는 4~6개월, C체크는 1년마다 해야 합니다. D체크는 4년 주기로 진행됩니다.

모든 점검에서는 항공기가 제 기능을 수행할 수 있도록 각종 부품·장비 등을 검사하고, 필요하면 교체도 이뤄집니다. D체크로 갈수록 검사 항목 등이 많아지게 됩니다. 이처럼 정기적으로 수행해야 하는 점검, 엔진 등 부품에서 고장이 났을 때 수리, 항공기 개조 등의 작업을 'MRO'라고 합니다.

우리나라는 대한항공과 아시아나항공이 자사 항공기를 대상으로 점검·수리를 진행하고 있을 뿐, LCC(저비용항공사)는 대부분 중국이나 필리핀 등 다른 나라에서 MRO를 수행합니다. 대한항공과 아시아나항공도 100% 국내에서 MRO를 진행하지는 못합니다. 특히 아시아나항공은 외국에서 진행하는 수리·정비의 비율이 높아지고 있다고 알려져 있습니다.

Q. 인천공항 MRO는
앞으로 어떤 변화가 있나요?

A. 인천국제공항공사와 샤프테크닉스케이는 2021년 5월 이스라엘 국영기업인 '이스라엘 항공우주산업(IAI · Israel Aerospace Industries)'과 합의각서를 체결했습니다. IAI의 첫 해외 생산기지를 인천공항에 건설하겠다는 내용이 담겼습니다. IAI는 샤프테크닉스케이와 합작법인을 설립하고 2024년부터 B777-300ER 여객기를 화물기로 개조하는 사업을 인천공항에서 진행할 예정입니다. 인천공항공사는 부지를 조성하고 격납고를 건설하는 등 사업 수행을 위한 인프라를 구축합니다.

같은 해 7월에는 미국 항공사인 아틀라스항공이 인천공항에 수리·정비센터를 조성하기로 하는 내용의 합의각서가 체결됐습니다.

IAI와 마찬가지로 인천국제공항공사와 샤프테크닉스케이가 합의각서에 서명했습니다. 아틀라스항공은 보유하고 있거나 위탁 관리하고 있는 항공기의 정비·수리를 인천공항에서 수행한다는 계획입니다. 2025년부터 사업이 본격화됩니다.

IAI와 아틀라스항공이 인천공항에 MRO 기지를 세우게 되면서 인천공항 MRO 산업은 더욱 활성화될 전망입니다. 인천공항공사는 추가로 기업을 유치하기 위한 활동을 진행하고 있습니다.

~ 이스라엘 벤구리온공항에 위치한 IAI社의 정비시설에서 여객기를 화물기로 개조하는 작업이 진행 중이다. /인천국제공항공사 제공

Q. MRO가 물류와
어떤 연관성이 있나요?

A. IAI와 아틀라스항공이 조성하는 것은 항공기가 들어가는 격납고입니다. 격납고 안에서 개조·정비·수리 작업이 진행됩니다. 하나의 공장이 들어서는 것으로 볼 수 있습니다. 조금 다른 시각으로 보면 외국을 오가는 항공기가 인천공항으로 들어오고, 부가가치를 더한 뒤 외국으로 나가게 되는 과정이 진행되는 것입니다.

정비를 받기 위해 인천공항에 오는 항공기는 화물이 됩니다. 예를 들어 '100'의 가치가 있는 화물(항공기)이 인천공항에서 수리·정비 등을 받아 부가가치가 더해지면서 '200'의 가치를 갖는 화물이 되는 것입니다. 원자재를 들여와서 가공·조립 등의 과정을 통해 완성품으로 만든 뒤 수출하는 것과 비슷하다고 보시면 될 것 같습니다.

하나의 항공기가 가치를 높이기 위해 국경을 넘어 오가는 것입니다. 인천공항은 항공기라는 화물의 가치를 높이는 물류 거점 역할을 하는 것입니다.

Q. IAI와 아틀라스항공은
왜 인천공항에 기지를 조성하기로 한 건가요?

A. 인천공항이 '물류 거점' 역할을 수행하기 위한 최적지이기 때문일 겁니다. 물류 거점은 물류비용을 최소화하는 등 효율을 극대화하는 장소에 조성되는 것이 일반적입니다. 이 두 가지를 결정하는 것은 부품 공급, 이동 거리, 인건비, 토지 사용료, 인력 충원, 인력의 숙련도, 운영 효율성, 지속가능성 등입니다. 인천공항은 다양한 측면에서 봤을 때 최적지라는 평가를 받았을 것으로 예상됩니다.

더 구체적으로 보면 아틀라스항공이 수행하는 화물 부문에서 인천공항은 세계 3위를 기록하고 있습니다. 아틀라스항공과 관련한 '아틀라스항공 월드와이드홀딩스(AAWW · Atlas Air World Wide holdings)'는 아틀라스항공, 폴라에어카고, 미국 남부화물항공(Southern Air)의 지주회사입니다. 이들 3개 항공사는 인천공항의 항공사별 화물 물동량에서 3, 4, 7위를 기록하고 있습니다. 대한항공과 아시아나항공을 제외하면 가장 많은 물동량을 처리하는 항공사들입니다.

이들 항공사는 인천공항을 자주 오가기 때문에 이곳에서 정비를 받아야 이동 거리를 줄일 수 있습니다. 예를 들어 미국에서 화물을 싣고 인천공항에 온 뒤, 정비를 받는 것입니다. 이는 정비 · 수리만을 위해 항공기를 움직이는 것보다 비용을 절감할 수 있습니다.

인천공항은 항공기 부품 수급 등에 드는 물류비용이 적다는 게 장점입니다. 국내 제조업은 세계적으로도 높은 수준을 인정받고 있습니다. 이는 정비 부품 등을 공급하는 데 긍정적 영향을 미칠 수 있고, 이는 물류비용 절감으로 이어집니다. IAI는 항공기 개조 과정에 사용하는 부품의 50% 이상을 국내 부품으로 사용한다는 방침을 밝힌 것으로 알려졌습니다. 외국에서 부품을 수입할 때에도 인천공항은 다양한 노선을 보유하고 있어 타 공항보다 원활하게 수급할 수 있습니다.

항공기 정비 인력 · 기술과 관련해, 대한항공 등이 국내에서 진행하는 정비 · 수리 수준은 높게 평가받고 있습니다. 특히 항공기는 안전이 중요합니다. 한국이 다른 국가에 비해 높은 숙련도와 꼼꼼한 일 처리 등으로 안전도를 높이는 데 좋은 역할을 할 수 있다는 평가를 받을 것으로 기대됩니다.

Q. 인천공항 근처에 MRO 시설이 들어서면,
항공기들은 MRO 시설까지 어떻게 이동하나요?

A. 항공기가 인천공항 활주로에 착륙하면, 토잉카가 항공기를 끌고 가게 됩니다. 토잉카는 항공기를 끌거나 밀어서 이동시켜 주는 차량입니다. 항공기는 자체 엔진 동력으로 이동할 수 있지만, 토잉카를 이용하면 적은 비용으로 안전하게 이동시킬 수 있다는 장점이 있습니다. 현재 샤프테크닉스케이 격납고에서 수리를 받는 항공기들도 이러한 방식으로 이동하고 있습니다.

Q. 항공기가 화물이라고 했는데,
이 화물은 항공 운송되는 것으로 봐야 하나요?
육상 운송을 포함한 것인가요?

A. 대부분의 화물은 육상 운송을 포함합니다. 항공기나 선박으로 옮긴 화물들도 목적지까지 운송할 때는 철도, 트럭 등을 이용하기 때문입니다. 이때는 항공+육상 운송이라고 보는 것이 합리적일 것 같습니다.

항공기는 다른 운송수단에 의지하지 않고 목적지인 MRO 기지까지 간다는 점에서 항공 운송으로 볼 수도 있습니다. 그렇다고 하더라도 짧지만 육상 이동이 있고, 토잉카를 활용한다는 점에서 항공+육상 운송이라고 봐야 할 것 같습니다.

Q. 육상 운송을 포함하지 않는 화물도 있나요?

A. 거의 없지만 분명한 것이 하나 있습니다. 바로 선박입니다. 선박도 화물이 될 수 있습니다. 조선소에서 선박을 만든 뒤, 목적지 항만까지 갈 때 선박의 힘으로만 이동합니다. 또 목적지에 도착해 접안하더라도 육상 이동 구간은 없습니다. 이 때문에 선박은 육상 이동이 없는 거의 유일한 화물이라고 볼 수 있습니다.

속속 들어서는
'글로벌 배송센터(GDC)'

온라인 쇼핑은 일상이 됐습니다. 인터넷으로 살 수 있는 물품의 종류는 더욱 많아지고 있습니다. 최근엔 신차와 명품 가방도 현장에 가지 않고 인터넷으로 살 수 있게 됐습니다. TV 광고에서는 온라인 쇼핑몰을 홍보하는 광고가 우후죽순 생겨나고 있습니다. 온라인 쇼핑은 여러 기술적 토대를 바탕으로 활성화하고 있습니다. 인터넷 속도가 빨라지면서 더 다양한 정보를 얻을 수 있게 됐고, 안전하게 결제할 수 있는 시스템도 갖춰졌습니다. 또 하나의 토대는 바로 '물류'입니다. 온라인 쇼핑은 국내외를 가리지 않습니다. 해외 사이트에서 'BUY' 버튼을 누르고, 주소 등을 입력하면 집 앞까지 배송됩니다. 이 물건은 선박이나 항공기에 실린 채 국내로 들어옵니다. 또 물류창고와 트럭 운송 등을 거쳐 집 앞에 도착합니다. 이러한 과정이 원활하지 않았다면 온라인 쇼핑은 지금처럼 일상에 스며들기 어려웠을 것입니다.

인천국제공항과 인천항은 전자상거래 거점 역할도 수행할 것으로 기대됩니다. 전자상거래 물품 중 항공으로 운송되는 것은 모두 인천공항을 통해 들어옵니다. 인천항도 중국과 가깝다는 장점을 활용해 전자상거래 또는 글로벌 배송 관련 인프라를 확충하고 있습니다.

Q. GDC(Global Distribution Center)는 어떤 역할을 하나요?

A. GDC는 글로벌 배송센터라고도 부릅니다. 이곳은 글로벌 기업의 제품을 반입해 보관하고, 개인 주문에 맞춰 제품을 분류·재포장해 배송하는 역할을 합니다. 특히 전자상거래 기업이 많이 운영하고 있으며, 전자상거래가 활성화함에 따라 GDC의 필요성과 중요성도 높아지고 있습니다. GDC 의 입지를 선정할 때 중요한 점은 '연결성'입니다. GDC 내에 있는 제품은 전 세계 각지로 흩어지게 됩니다. 이 때문에 많은 나라와 항공·해운 등으로 연결돼 있는 곳에 조성해야 제품의 운송 과정에서 발생하는 비용을 줄일 수 있습

니다. 특히 GDC의 물품은 국내 반입이 되지 않고, 해외로
만 나가게 됩니다. 이 점은 국내 다른 물류센터와 차이점이
면서, 외국과의 연결성이 큰 비중을 차지하는 이유이기도
합니다.

Q. 인천에도 GDC가
운영되고 있나요?

A. 네 그렇습니다. 2022년 초 기준으로 2개의 GDC가 인천공
항에서 운영되고 있습니다.

가장 먼저 운영을 시작한 곳은 CJ대한통운이 운영하는 '인
천GDC센터'입니다. 인천공항 자유무역지역에 위치한 인
천GDC센터는 주로 i-Hurb라는 미국 기업의 제품을 보
관·배송하는 역할을 합니다. 2018년 4월부터 운영됐으며
부지 면적은 2만 9천430㎡입니다. 지난해에는 7천63t의 물
동량이 이곳을 통해 창출됐습니다.

한진도 인천공항에서 GDC를 운영하고 있습니다. 1만 3천
762㎡ 부지에 조성됐습니다. 2020년 5월 운영을 시작했으
며, 첫해 물동량은 1천993t을 기록했습니다. GDC에 보관
하고 있는 물품은 인천공항을 통해 전 세계로 배송됩니다.

올해는 코로나19 영향으로 항공기 운항 횟수가 예년에 비해 대폭 줄었습니다. 이 때문에 GDC에서 창출하는 물동량이 적었다는 분석도 나옵니다.

Q. 현재 운영 중인 곳 외에 추가로 GDC를 건립할 예정인 기업도 있나요?

A. 네 맞습니다. 인천공항에 2개의 GDC가 더 들어설 예정입니다. 인천국제공항공사는 외국인투자기업 '스페이시스원', '쉥커코리아'와 GDC 건립을 위한 협약을 각각 체결했습니다. 스페이시스원은 전자상거래 물품을 취급하는 GDC 역할을 하게 됩니다. 쉥커코리아가 조성하는 GDC는 전자상거래 물품을 취급하지 않을 것으로 보입니다. 이 센터에서는 반도체 장비와 의약품 등 글로벌 기업의 제품을 보관·배송합니다. 개인이 진행하는 전자상거래가 아닌 기업 간 거래를 통해 제품이 입·출고될 것으로 보입니다.

인천국제공항공사는 추가로 글로벌 기업의 GDC를 유치하기 위해 여러 기업과 협의를 진행하고 있습니다.

Q. 인천항 인근 물류센터 중에서 GDC인 곳은 없나요?

A. 아직은 없습니다. 다만 2023년 상반기에 1곳이 착공할 예정입니다. 2024년에는 운영을 시작할 수 있을 것으로 보입니다.

인천항 GDC가 들어서는 곳은 아암물류 2단지 1-1단계 부지입니다. 이 부지는 전자상거래 활성화를 위해 '이커머스' 특화 부지로 지정돼 있습니다. 인천항만공사는 4개 부지에 GDC를 유치한다는 계획이며, 1곳은 유치가 완료돼 2023년 상반기에 착공이 이뤄질 예정입니다. 인천항만공사는 나머지 부지에 대한 사업자 모집 공고를 2023년에 진행할 예정입니다. 빠르면 같은 해에 사업자와 계약을 체결할 수 있을 것으로 기대하고 있습니다.

인천항만공사는 중국과 가깝고, 한중카페리가 다양한 중국 도시와 연결돼 있다는 점을 활용해 기업을 유치한다는 계획입니다.

Q. 국내 전자상거래 규모는
얼마나 늘어나고 있나요?

A. 해외 직구 건수로 보면 매년 30% 이상의 증가율을 기록하고 있습니다. 2018년 해외 직구 건수는 3천226만 건이었으나, 2년 만인 2020년에는 6천357만 건으로 늘었습니다. 금액으로도 2018년 27억5천500만 달러에서 37억5천300만 달러로 증가했습니다.

2021년 해외 직구 금액을 원화로 환산하면 약 4조4천억 원에 이릅니다. 2022년엔 5조 원을 돌파할 것이라는 전망이 나오고 있습니다. 이처럼 매년 큰 폭으로 늘어나는 전자상거래 추세에 대응하기 위해서 각 기업도 물류비 절감, 빠른 배송 등을 위해 GDC를 확대하고 있습니다.

환적이 공항·항만의
경쟁력

'허브(hub)'라는 단어는 신문과 방송에서 종종 쓰이는 단어입니다. 경제·산업, 특히 물류와 항공 분야에서 자주 쓰입니다. 많은 분이 '동북아 허브 인천공항', '물류 허브 부산항'이라는 표현을 접해보셨을 겁니다. 허브는 '중심지'라는 뜻을 가지고 있습니다. 원래는 '바퀴의 중심축'이라는 의미가 있습니다. 바큇살들이 모이는 가운데 부분이 허브인 것입니다. 이 때문에 허브는 물류 분야에서 '화물이 모이는 곳'이라고 합니다. 전 세계 화물이 모이는 인천국제공항을 '글로벌 물류 허브' 등으로 표현합니다.

'물류 허브'를 이야기할 때 빠지지 않는 것이 바로 '환적(換積)'

입니다. 영어로는 Transshipment이며, 물류 업계에서는 'T/S'라고 줄여 씁니다. 환적은 여객들의 환승이랑 비슷한 개념입니다. 항공 화물을 예로 들면 중국 베이징공항에서 실린 화물이 인천공항에 내려진 뒤 다른 항공기에 실리는 과정을 말합니다. 환적 화물의 많고 적음에 따라 해당 공항·항만이 허브 역할을 하는지 구분한다고 해도 크게 틀리지 않습니다. '허브 공항'을 말할 때에는 여객들의 '환승'이 주요 지표로 활용되기도 합니다.

Q. 환적이 발생하는 이유는 무엇인가요?

A. 화물은 출발지와 목적지가 있습니다. 출발지에서 목적지로 바로 가는 것이 가장 빠르고 효율적일 겁니다. 그러나 출발지에서 목적지로 한 번에 가는 항공편이나 선박이 없는 경우도 많이 있습니다. 이럴 경우 중간에 특정 공항·항만을 경유해야 하고, 이 과정에서 환적이 발생합니다. 출발지에서 목적지로 바로 가는 운송편이 있다고 하더라도 비용과 일정 등이 맞지 않으면 환적이 이뤄집니다. 예를 들어 중국 베이징공항에서 미국 뉴욕JFK공항까지 가는 항공편이 2주 뒤에 있다면, 이보다 빠른 항공편을 통해 화물을 인천공항에 보냈다가 미국으로 보내는 게 시간을 줄일 수 있습니다.

Q. 인천공항의 환적 화물 규모는
얼마나 되나요?

A. 2020년 인천공항에서 처리한 물동량은 282만 2천364t입니다. 이 중 환적 화물은 115만 826t으로, 전체의 40.7%를 차지합니다.

인천공항은 꾸준히 40% 안팎의 환적률을 기록하고 있습니다. 최근 물동량과 환적률이 동시에 상승하는 모습을 보이고 있기도 합니다. 2021년 인천공항은 개항 이후 처음으로 연간 물동량 300만t을 넘었습니다. 2020년보다 물동량이 18% 증가했습니다. 환적 물동량도 늘어났습니다.

2019년과 2020년에 인천공항이 물동량 기준 세계 3위를 기록한 것도 환적 화물이 있었기 때문에 가능했습니다.

전 세계에서 인천공항만큼 환적 물동량 비중이 높은 곳은 많지 않습니다. 홍콩 첵랍콕국제공항, 싱가포르 창이국제공항 등이 인천공항과 함께 환적이 활발한 허브 공항으로 꼽힙니다.

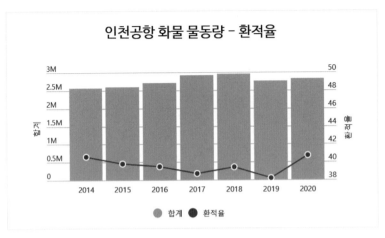

인천공항 화물 물동량 - 환적율

합계: 2014, 2015, 2016, 2017, 2018, 2019, 2020

● 합계 ● 환적율

~ 인천공항 물동량과 환적율 /인천국제공항공사 제공

Q. 환적 화물 집계는
어떤 방식으로 이뤄지나요?

A. 인천공항 환적은 앞에서 말씀드린 것처럼 '출발지→인천공항→도착지'의 흐름입니다. 예를 들어 무게가 5t인 가전제품이 중국에서 인천공항을 거쳐 미국으로 간다고 가정해 보겠습니다. 이 가전제품은 '중국→인천공항', '인천공항→미국'의 단계를 거쳐 목적지에 도착합니다. 인천공항 입장에서는 중국에서 인천공항으로 올 때 5t으로 집계되고, 이 화물이 항공기를 바꿔서 미국으로 나갈 때도 5t이 기록됩니다. 실질적으로는 5t의 화물이 움직인 것이지만 10t의 물동량이 발생하는 것입니다. 이 때문에 환적 화물은 인천공

항 물동량 창출에 도움이 되는 '효자 화물'이기도 합니다.

Q. 인천공항에서 환적이 이뤄진 화물은
어느 나라로 많이 가나요?

A. 환적 화물을 인천공항을 기준으로 봤을 때 인천공항에 오는 '도착 화물'과 인천공항에서 나가는 '출발 화물'로 나눌 수 있습니다.

환적 화물 중에서 인천공항 도착 화물이 가장 많은 나라는 중국입니다. 출발 화물이 가장 많은 나라는 미국입니다. 중국에서 인천공항을 거쳐 미국으로 가는 화물이 가장 많다고 볼 수 있습니다. 중국이 미국으로 수출하는 물량은 많은데, 미국으로 가는 항공편이 많지 않기 때문인 것으로 분석됩니다.

인천공항 환적 화물을 국가별로 보면 50여 개 국가에서 인천공항으로 화물을 운송한 뒤, 다른 국가로 보냅니다.

출발 화물과 도착 화물은 국가별로 차이가 많았습니다. 인천공항 도착 환적 화물은 중국, 홍콩, 미국, 일본 순이었습니다. 10위는 캐나다가 차지했습니다. 인천공항에서 출발

하는 환적 화물의 목적지를 국가별로 구분하니 미국이 가
장 많았습니다. 중국, 베트남, 일본이 그 뒤를 이었습니다.

인구 2만 1천 명의 작은 국가 '팔라우'로 가는 화물도 인천
공항을 경유합니다. 2021년 인천공항에서 환적한 화물 1t
이 팔라우로 향했습니다.

Q. 환적 화물도 외국에서 국내로 들어왔다가 나가는데
수출입 화물이라고 볼 수 있나요?

A. 수출입 화물이 아닙니다. 수출입 화물을 구분하는 기준은
'관세선'입니다. 수입 화물은 관세선을 넘어야 수입이 되는
것입니다. 국경이랑 비슷한 개념이라고 보시면 될 것 같습
니다. 관세선은 대부분 국경과 일치하지만 그렇지 않은 관
세선도 있습니다. 바로 보세창고입니다. 보세창고는 수입
절차가 끝나지 않은 화물을 보관하는 공간입니다.

환적 화물은 보통 항만과 공항 인근에 있는 보세창고로 옮
겨진 뒤, 원하는 선박 · 항공기에 실립니다. 이 때문에 실질
적으로는 국내로 들어왔다고 하더라도 수출 · 수입 물량으
로 집계되지 않습니다.

인천공항 일대는 자유무역지역으로 지정돼 있고, 이곳에서 많은 보세창고가 운영되고 있습니다. 환적 화물은 자유무역지역 보세창고에 보관되기도 하고, 보관 기간이 길지 않은 화물 등은 화물터미널에 두기도 합니다.

~ 인천공항 자유무역지역에 있는 판토스 인천공항센터. 환적 화물은 이러한 물류센터에서 보관되다가 목적지로 가는 항공기에 실리게 된다.

Q. 환적 화물이 많아 좋은 점이 있다면 무엇인가요?

A. 환적 화물이 많다는 것은 그만큼 많은 노선 네트워크를 갖추고 있다는 의미입니다. 많은 국가·도시와 연결돼 있다는 점은 국내 수출입 기업에 긍정적 영향을 줍니다. 국내

기업이 수출을 더 빠르게 진행할 수 있도록 합니다. 많은 노선이 있기 때문에 수출입과 관련한 제약을 덜 받게 된다고 볼 수 있습니다. 예를 들어 한 기업이 멕시코에서 국내로 부품을 수입해야 하는 상황이라면, 인천공항을 통해 바로 수입할 수 있습니다. 반면 인천공항의 노선 네트워크가 다양하지 않다면 타국을 경유해 들여와야 하는 상황이 생깁니다. 다른 나라에서 환적이 이뤄지면 운송 비용이 늘어날 수 있고, 운송 시간도 길어집니다. 기업 입장에서는 같은 물품을 더 비싸게 수입해야 하는 상황이 생기는 것입니다.

인천공항은 많은 네트워크를 보유하고 있기 때문에 기업의 수출입 선택지를 넓혀주는 역할을 합니다. 수출입 화물만 처리하는 항만과 공항은 국내 경제 상황이 좋고 나쁨에 따라 처리하는 물동량이 큰 차이를 보입니다. 환적 화물이 많은 공항·항만은 외국의 물품도 처리하기 때문에 상대적으로 국내 업황의 영향을 덜 받습니다.

환적 화물은 공항이나 항만을 벗어나지 않고 처리된다는 점에서 사회적 비용이 덜 드는 화물이기도 합니다. 수출입 화물은 목적지까지 가기 위해 육상운송을 해야 하고, 이 과정에서 '탄소 배출'과 '도로 파손' 등 사회적 비용이 발생합니다. 환적 화물은 이러한 사회적 비용이 적습니다. 이 때문에 많은 국가에서 환적 물동량을 늘리기 위해 노력합니다.

Q. 인천항에서도 환적이 많이 이뤄지나요?

A. 그렇지 않습니다. 인천항은 한 해에 300만TEU(1TEU는 20피트 컨테이너 1대분)를 처리하는데, 이 중 환적이 차지하는 비중은 1%도 되지 않습니다. 인천항은 수출입 중심 항만이라고 볼 수 있습니다. 다만 최근에는 환적 화물 규모가 늘어나는 추세입니다.

국내에서는 부산항이 인천공항처럼 해상 운송 분야에서 아시아 허브 역할을 하고 있으며, 환적 화물도 많습니다. 부산항은 연간 2천만TEU의 화물을 처리하고 있으며, 환적 화물 비중은 50~60%에 달합니다.

하늘과 바다는 연결돼 있다
Sea&Air

한 사람이 어떤 목적지까지 대중교통을 이용해 갈 때 여러 방법이 있을 수 있습니다. 버스와 지하철 등입니다. 가장 빠르고 저렴하게 가는 방법은 무엇일까요. 목적지까지 연결되는 교통수단이 있을 때, 이것을 이용하는 것이 가장 좋을 것이라고 생각하기 쉽습니다. 출발지에서 멀지 않은 곳에 목적지까지 가는 버스가 있다면 가장 빠르게 갈 가능성이 높습니다. 다만 모두 그렇지는 않습니다. 버스 배차 간격이 40분일 수 있습니다. 또 해당 버스의 가격이 비쌀 수도 있습니다. 그럴 때 여러 교통수단을 활용하게 됩니다. 지하철역으로 갔다가 중간에 버스로 환승하는 것이 빠를 수 있습니다.

국가를 넘나드는 물류에서도 이러한 상황은 발생합니다. 빠르다고 생각되는 직항 항공 노선이 오히려 선박과 항공기를 모두 이용하는 것보다 비싸고 느릴 수 있습니다. 이 때문에 항공기와 선박 모두를 활용해 운송 방식을 'Sea&Air'라고 부릅니다.

~ 인천과 중국 웨이하이를 오가는 카페리 골든브릿지7호.

Q. Sea&Air는 구체적으로
어떤 과정의 물류 운송 방식을 일컫나요?

A. 선박과 항공기를 모두 이용하는 물류 운송 방식을 통칭한다고 보면 될 것 같습니다. 우리나라에서는 선박 운송에 이어 항공 노선을 연결하는 방식이 주를 이루고 있습니다. 특

히 인천은 인천국제공항과 인천항이 있는 곳입니다. 이 때문에 Sea&Air 물류에 최적화된 곳이라는 평가를 받습니다.

인천에서 대부분 Sea&Air 화물의 흐름은 '중국→인천항→인천공항→미국·유럽' 순입니다.

이는 한중카페리를 포함해 많은 중국 도시와 연결돼 있는 인천항의 특성과, 미국·유럽의 많은 네트워크를 가지고 있는 인천공항이 있기 때문에 가능한 물류 방식이라고 할 수 있습니다. 중국에서 미국이나 항공기를 운송하면 12시간 안팎이 걸립니다. 하지만 이 항공기를 타기 위해서 오랜 기간 대기해야 하는 상황이 있을 수 있습니다. 미국과의 항공 노선이 많지 않기 때문입니다. 5일을 기다려 중국에서 항공기에 싣느니 선박을 활용해 인천공항까지 보내는 것이 오히려 빠릅니다. 중국에서 선박을 통해 인천항까지 보내고, 이를 인천공항까지 보내는 데 24시간이 채 걸리지 않습니다.

Q. 한 해에 Sea&Air 방식으로 운송되는 화물은 얼마나 되나요?

A. 인천국제공항공사에 따르면 연간 약 6만t의 화물이 Sea&Air 방식으로 운송됩니다. 모두 인천국제공항을 통합

니다. 이 중 절반 정도인 3만t 정도가 인천항과 인천공항을 거쳐 운송됐습니다. 나머지는 평택항과 군산항을 오가는 카페리를 통해 국내로 들어온 화물이 인천공항으로 이동해 항공기에 실렸습니다.

Q. Sea&Air를 활성화하기 위해서 필요한 것은 무엇인가요?

A. 가장 중요한 것은 해상·항공 네트워크입니다. 일상생활에서 지하철 이용이 많은 이유는 '정시성' 때문입니다. 지하철은 열차 간격이 일정하고, 운항 속도도 편차가 크지 않습니다. 반면 버스 등 도로를 이용하면 사고와 교통체증 등의 영향을 받습니다.

물류에서 '속도'는 가장 중요하고, 이는 정시성과 연결됩니다. 인천공항이 지금과 같은 항공 네트워크를 보유하고 있지 않고, 반대로 중국 베이징공항이 더 많은 네트워크를 보유하고 있다면 현재와 반대의 상황이 벌어질 수 있습니다. 국내 기업이 한중카페리를 통해 중국으로 물건을 보내고, 이를 중국 공항에서 미국이나 유럽으로 보내는 것입니다.

Q. Sea&Air 화물은 인천공항과 인천항에서
하역 등의 과정을 각각 거쳐야 해서 비용이 많이 들고,
화물 파손 위험이 있을 것 같은데 아닌가요?

A. 네 맞습니다. 앞서 말씀드린 '중국→인천항→인천공항→미
국·유럽' 순으로 화물을 운송한다고 했을 때, 화물을 실은
컨테이너가 처음에 트럭에 실리고, 트럭에서 내려진 뒤 중
국 항만에서 배에 실립니다. 이 컨테이너는 다시 인천항에
서 내려진 뒤 다른 트럭에 실립니다. 공항으로 옮긴 뒤 컨
테이너를 해체해 항공기용 포장 박스에 담겨야 합니다. 여
러 과정을 거치기도 하기 때문에 신선도 또는 충격에 약한
화물은 Sea&Air를 활용하는 것이 적절하지 않을 수 있습니
다. 다만 이러한 과정을 거치더라도 물류에서는 속도와 비
용이 중요하기 때문에 이 방식을 선호하는 기업들은 늘어
나고 있는 것으로 보입니다.

또 중국과 한국은 이러한 번거로운 과정을 최소화하기 위
한 절차를 마련하고 있습니다. 복합일관수송(Road Feeder
Service)입니다. 이 제도가 시행되면 Sea&Air뿐 아니라 한·
중 물류가 더욱 빨라질 수 있습니다. 이 제도는 중국 선박
에 컨테이너 트레일러를 싣고, 이 트레일러가 인천항에서
내린 뒤 일정 목적지까지 갈 수 있도록 한 제도입니다. 인
천항만공사, 인천국제공항공사, 관세청 등이 제도 도입을

위한 협의를 진행하고 있습니다. 제도가 시행되면 항만에서 하역하는 과정을 줄이기 때문에 제품 훼손에 대한 위험이 줄고, 시간도 단축할 수 있습니다. 2023년 상반기 중 시범 사업을 진행할 수 있을 것으로 예상됩니다.

화물도
FRESH한 게 좋다

전통시장이나 마트에서 장을 보는 이유 중 큰 부문을 차지하는 것이 신선식품입니다. 라면과 같은 공산품은 어디에서 사도 품질의 차이가 없지만, 과일이나 채소와 같은 신선식품은 그렇지 않습니다. 모든 상품이 크기와 신선도, 모양 등이 조금씩 다릅니다. 이 때문에 직접 가서 고르는 것이 좋은 식품을 사는 방법이라는 인식이 강합니다. 이들 신선식품이 가정에 이르기까지 여러 차례 운송ㆍ보관 등의 과정을 거치게 됩니다. 이 과정에서 오염과 훼손을 막고, 신선도를 유지하는 것이 중요합니다. 다른 공산품보다 더 많은 노력을 기울이게 됩니다.

신선식품은 유통할 수 있는 기간이 짧습니다. 이 때문에 국내 상품을 국내에서 소비하는 경우가 많습니다. 그렇다고 해서 국내산만 소비하지는 않습니다. 신선식품도 다른 물품과 마찬가지로 수입과 수출이 이뤄집니다. 특히 신선식품을 포함한 '신선화물'의 수출입은 점차 늘어나는 추세입니다.

Q. 신선화물의 종류에는
어떤 것들이 있나요?

A. 신선화물은 부패를 막기 위해 화물의 온도를 관리해야 농·수·축산물과 유가공품 등이 대표적입니다. 이와 함께 화훼류와 의약품, 화학제품, 일부 전자제품도 온도 관리가 필요하다는 측면에서 신선화물에 포함됩니다. 이들 중에서 높은 비중을 차지하는 것은 식품과 의약품입니다.

특히 식품 분야는 일상생활과 밀접하게 연관돼 있습니다. 호주산·미국산 소고기, 바나나와 체리 등의 과일은 모두 외국에서 수입합니다. 이들 수입 식품의 종류는 점차 다양해지고 있습니다. 식품의 수입은 운송·보관 기술이 발달하면서 확산할 수 있었습니다. 국내에서 높은 인기를 얻으면서 점차 대중화되는 체리는 대부분 항공기를 통해 운송됩니다. 항공 운송 기술이 발달하지 않았다면 체리는 국내

식탁에 오르지 못했을 것입니다. 국가 간 무역 장벽이 낮아지는 점도 수입 식품 증가에 영향을 미칩니다.

의약품은 최근 부각되고 있는 신선화물입니다. 코로나19 영향으로 백신 등의 수입이 이뤄지면서 온도 관리에 대한 중요성이 강조되기도 했습니다.

~ 2021년 2월 대한항공 KE9926편에서 국내 1호 화이자 코로나19 백신이 하기되고 있다. /대한항공 제공

Q. 물류 측면에서 신선화물은 어떤 장단점이 있나요?

A. 신선화물은 고부가가치 화물로 평가됩니다. 게다가 가파르

게 물동량이 증가하고 있습니다. 이 때문에 각 기업과 공항·항만 운영자 입장에서는 신선화물을 유치하기 위해 노력합니다. 신선화물은 온도를 유지해야 하고, 파손에 취약하다는 단점이 있습니다. 보관·유통할 수 있는 기간도 짧습니다. 이 때문에 신선화물을 취급하기 위해서는 많은 비용이 투입됩니다. 냉동·냉장창고뿐 아니라 온도 조절 시스템을 갖춘 차량을 이용해야 합니다. 많은 비용이 투입되기 때문에 높은 부가가치를 창출한다고 볼 수 있습니다. 물동량도 큰 폭으로 늘고 있습니다. 전 세계 물동량은 연간 2~3% 늘어나는 데 반해 신선화물 증가율은 연 10%를 웃돌고 있습니다. 높은 부가가치와 증가율을 보이고 있기 때문에 신선화물 시장을 물류 업계에서는 '블루 오션'으로 보기도 합니다.

~ 2021년 운영을 시작한 인천공항 '쿨 카고 센터' 전경 /인천본부세관 제공

Q. 인천공항에서 지난해 운영을 시작한 '쿨 카고 센터(Cool Cargo Center)'는 어떤 역할을 하나요?

A. 인천국제공항은 국내 수출입 항공 화물의 99%가 처리되는 공항입니다. 항공 운송이 이뤄지는 신선화물은 모두 인천공항을 거치게 됩니다. 신선화물을 처리할 때 효율을 높이기 위해 들어선 것이 '쿨 카고 센터'입니다.

쿨 카고 센터는 인천공항 제2여객터미널 인근에 있으며, 신선화물 환적 창고로 운영됩니다. 인천공항은 환적화물 비중이 전체의 40%에 달합니다. 특히 여객기 하부 화물칸 (belly)에 실린 신선화물은 환적 수요가 많지만, 전용 시설이 부족해 환적화물을 유치하는 데 어려움이 있었습니다. 그동안 신선화물을 환적하려면 냉장·냉동시설이 있는 화물터미널로 옮겨 보관한 뒤 다시 계류장으로 운송하는 등 왕복 6km를 이동해야 했습니다. 긴 동선은 상대적으로 시간이 오래 걸려 항공기 간 환적 시간이 짧은 화물은 유치하기 어렵고 운송 과정에서 신선도 하락도 우려됐습니다.

계류장에 위치하고 냉장·냉동창고와 환적 작업장이 구비된 쿨 카고 센터는 환적화물의 이동이 필요하지 않아 환적 소요 시간을 최대 90분 단축(4시간→2.5시간)할 수 있는 장점이 있습니다. 쿨 카고 센터는 대한항공이 운영합니다. 대한항공은 온도에 민감한 신선식품과 바이오의약품 등 연간 5.5만t 상당의 환적화물을 추가로 유치할 것으로 전망했습니다.

Q. 신선화물은 모두 항공기로만 운송되나요?

A. 그렇지 않습니다. 선박을 통한 운송도 이뤄지고 있습니다. 신선화물은 빠르게 운송하는 것이 중요하다 보니 항공기로 보내는 경우가 많긴 합니다. 그렇지만 항공기만 활용해 운송하는 것보다 선박을 이용하는 게 빠를 때도 있습니다. 예를 들어 중국에서 농산물을 유럽으로 보낸다고 할 때 중국에서 바로 유럽으로 가는 항공기에 실어 보내는 것이 빠르다고 생각할 수 있지만, 실제로는 그렇지 않을 때가 있습니다. 중국에서 유럽으로 가는 직항로가 많지 않기 때문입니다. 이때 중국 항만에서 한중카페리를 통해 인천항으로 보낸 뒤 인천공항으로 옮겨 항공기에 실어 보내는 것이 빠르기도 합니다. 한중카페리의 운송 시간은 14시간 안팎에 불과합니다. 중국에서 직항을 기다리는 데 2~3일 소요하는 것보다 한중카페리를 이용하는 게 비용·시간적 측면에서 더욱 효율적인 겁니다.

이 외에도 오렌지처럼 상대적으로 보관 기간이 긴 신선화물은 선박을 통해 들어오기도 합니다. 국내로 수입되는 오렌지 일부는 미국에서 인천항으로 오기도 합니다.

한중카페리를 통해 농수산물 등의 운송은 꾸준히 이뤄지고 있습니다. 특히 특수 컨테이너를 이용해 횟감으로 활용되는 활어 등을 운송하기도 합니다.

다만 의약품은 대부분 항공기로 운송됩니다. 화물 가격이 비싼 만큼, 혹시 모를 온도 변화를 최소화하기 위해 항공기 운송을 선호합니다. 국내로 들어오는 코로나19 백신은 모두 항공기로 운송됐습니다.

Q. 인천항에도 신선화물 관련 인프라가 구축돼 있나요?

A. 인천항 배후단지 창고 일부는 신선화물을 보관하기 위한 설비를 갖추고 있습니다. 아암물류 1단지에서 3PL 물류 사업을 진행하는 화인통상도 냉동 · 냉장창고를 갖추고 신선화물을 처리하고 있습니다.

특히 인천항만공사는 한국가스공사 LNG 인천본부에서 나오는 냉열을 활용한 물류센터를 건립하고 있습니다. 지난해 이와 관련해 해양수산부, 인천항만공사는 벨스타 슈퍼프리즈(컨소시엄)와 '콜드체인 특화구역 내 초저온 물류센터 건립'을 위한 사업 추진 계약을 체결했습니다. 인천 신항 배후단지에 건립될 초저온 물류센터는 인근 한국가스공사 인천 기지에서 폐기하는 LNG 냉열을 활용하는 신개념 물류센터로 조성될 예정입니다. LNG 냉열을 활용하면 전기요금(최대 70%)과 물류비 절감 등의 효과가 있을 것으로 기대됩니다. 이는 물류센터 운영의 효율을 높일 뿐만 아니라 저탄소 · 친환경 항만 생태계를 조성하는 데에도 기여할 것으로 예상됩니다.

Q. 외국으로 수출하는 신선화물에는 어떤 것들이 있나요?

A. 농수산식품의 수출은 매년 늘고 있습니다. 2021년 연간 농수산식품 수출액은 역대 최초로 100억 달러를 넘어선 113억 달러를 기록했습니다.

정부는 딸기와 포도를 '스타 품목'으로 지정하고 물류 · 마케팅 등을 지원했습니다. 그 결과 한국 신선농산물 수출 확대로 이어졌습니다. 딸기는 정부가 지원한 전용 항공기를 통해 홍콩, 싱가포르로 주로 수출돼 현지 고급 호텔 · 디저

트숍 등 프리미엄 시장에서 판매됐습니다. 포도는 수출용 제품에 대한 당도·크기 등 엄격한 품질 관리를 통해 중국에서 고가(한 송이 약 12만 원)로 판매되는 등 호응을 얻었습니다.

의약품 수출도 꾸준히 이뤄지고 있습니다. 인천 송도국제도시는 삼성바이오로직스, 셀트리온 등 바이오기업이 밀집해 있습니다. 이들 기업이 생산한 의약품은 모두 항공기를 통해 외국으로 수출되고 있습니다.

하늘에도 국경은 있다
'항공 자유'

대한항공은 한국을 거점으로 다양한 국가에 항공기를 보냅니다. 이들 국가에서 다시 한국으로 돌아옵니다. 대한항공을 비롯한 모든 국적의 항공사가 마찬가지입니다. 이는 다른 나라도 크게 다르지 않습니다. 항공사는 자신이 소속한 국가를 기반으로 활동합니다. 이는 단순히 소속된 국가를 위해서만은 아닙니다. 다른 나라에서는 마음대로 항공기를 운항할 수 없기 때문입니다. 각국 정부는 자국 항공사와 외국 항공사가 할 수 있는 역할을 정하고 있습니다. 이를 '항공 자유'라고 부릅니다. 각 내용에 따라 '제1자유'부터 '제9자유'까지 있습니다.

Q. 항공 자유는
어떤 내용을 담고 있나요?

A. 항공사가 항공기를 운항할 수 있는 권한을 말합니다.

구체적으로 살펴보면 제1자유는 '영공통과'를 의미합니다. 한 항공사가 타국의 영토 위를 착륙 없이 운항할 수 있는 자유입니다. 각 나라는 대부분 영공통과를 허가하고 있습니다. 이례적으로 우리나라는 북한 영토 위를 통과하지 못합니다. 북한 영공을 통과하지 않기 위해서 우회하면서 추가로 발생하는 유류비용만 연간 수천억 원이 될 것으로 추정됩니다.

우리나라는 1998년부터 2010년까지 북한 영공을 통과하기도 했습니다. 2010년 천안함 침몰 등의 영향으로 금지됐습니다. 2018년 열린 남북정상회담을 계기로 북한 영공통과가 가능할 것으로 기대됐지만, 남북관계가 다시 악화하면서 이뤄지지 않고 있습니다.

제2자유는 비상시에 급유나 정비 등을 위해 다른 나라 공항에 착륙할 수 있는 자유입니다. 이때 화물이나 여객을 태우거나 내리면 안 됩니다.

제3·4자유는 대한항공을 비롯한 대부분의 항공사가 적용되는 내용입니다. 제3자유는 자국에서 실은 여객과 화물을 상대국으로 운송할 수 있는 자유입니다. 제4자유는 그 반대입니다.

대한항공이 인천공항에서 여객을 태우고 미국 뉴욕공항에 도착해 여객이 내리는 것입니다. 제4자유는 뉴욕에서 여객들이 대한항공 항공기를 타고 인천으로 오는 것을 말합니다.

Q. 국내 항공사가 외국을 기반으로 활동하는 사례는 없나요?

A. 있습니다. 국내 항공사가 외국인 A공항을 기반으로 외국인 B공항을 오가면서 여객과 화물을 실을 수 있는 자유는 '제7자유'입니다. 예를 들어 대한항공 항공기가 한국에 오지 않고, 중국과 미국을 오가면서 활동하는 것입니다.

국내에서는 화물 전용 항공사 '에어인천'이 제7자유를 토대로 2023년부터 중국을 기반으로 활동할 예정입니다. 이는 국내 항공사 중에서는 처음입니다. 에어인천은 중국을 거점으로 동남아시아 지역 화물을 운송한다는 계획입니다.

제8·9자유는 외국 항공사가 국내 여러 지역 공항을 오갈 수 있는 권리를 말합니다. 자국에서 출발한 뒤 외국의 국내 지점을 오가는 것이 '제8자유', 자국에서 출발하지 않고 외국 국내 지점만을 오가는 것은 '제9자유'입니다.

우리나라에서는 제8·9 자유를 토대로 외국 항공사가 국내선을 운영한 사례는 없습니다.

신기술, 하늘에
새 그림을 그리다

물류 활동은 거점과 운송수단을 토대로 이뤄집니다. 거점은 항만과 공항, 주요 도시에 조성된 물류센터 등을 일컫습니다. 운송수단은 항공기와 선박, 차량 등입니다.

현재 물류 활동을 상징하는 모습은 10년만 지나도 크게 바뀔 것으로 예상됩니다. 새로운 운송수단이 등장하기 때문입니다.

가장 눈에 띄는 건 바로 UAM(도심 항공 교통 · Urban Air Mobility)과 드론입니다. 드론과 UAM은 완전히 분리되지 않습니다. 드론에 사람이 탈 수 있도록 만든 것이 PAV(개인형 이동체 · Personal Air

Vehicle)입니다. PAV를 활용해 도심을 이동할 수 있도록 만든 시스템을 UAM이라고 볼 수 있습니다. 연계되긴 하지만 다른 점 있기에 나눠서 표현했습니다.

Q. 드론은 지금도 물류 분야에 쓰이고 있지 않나요?

A. 드론은 지금도 활용도가 높습니다. 레저 · 사진촬영 · 측량 · 구조 등에 활용되고 있습니다. 아직 국내에서는 드론이 물품 배송 등 물류활동에 쓰이진 않고 있습니다. 그 준비를 하고 있는 과정이라고 보면 될 것 같습니다.

외국은 조금 더 앞서가고 있습니다. 특히 미국은 드론 배송을 상용화하기 위한 준비가 활발하게 진행되고 있습니다. 아마존, 구글, 우버, 특송기업 UPS 등이 드론 배송을 추진하고 있습니다. 특히 구글은 드론 배송 분야에서 가장 앞서고 있다는 평가를 받습니다.

구글의 모기업 '알파벳'이 운영하는 드론 개발 자회사 '윙'은 2021년 미국 텍사스주 댈러스시와 포트워스시에 위치한 식료품 체인 '월그린' 매장들과 연계해 상품 배송 서비스를 본격화한다고 발표했습니다. 텍사스주 월그린 매장

상품을 사람이 아니라 드론이 배달하게 됩니다. 미국의 유통기업 아마존도 드론 배송 서비스를 추진하고 있어 상용화가 멀지 않다는 소식이 들려오고 있습니다.

Q. 국내에서 물류 드론은
언제쯤 상용화되나요?

A. 수출입 물류에서 드론이 활용되기는 당분간 쉽지 않을 것입니다. 국경을 통과하는 과정에서 거쳐야 하는 통관 등의 절차를 수행하기에는 아직 제도와 기술이 마련되지 않았습니다. 다만 국내 물류 부문에서는 드론 상용화를 위한 준비가 활발하게 진행되고 있습니다. 미국처럼 마트의 물품을 각 가정으로 배송하는 방식과 비슷합니다. 다만 국내 상황에 맞게 제한적으로 활용될 것으로 보입니다. 미국이나 캐나다와 달리 우리나라는 아파트와 같은 공동주택이 대부분입니다. 드론으로 배송하기에 쉽지 않은 구조를 가지고 있는 셈입니다. 마당이 있는 단독주택이 많은 미국과는 차이가 있습니다.

이 때문에 드론 물류는 섬이나 농촌 지역을 중심으로 상용화가 이뤄질 것으로 예상됩니다.

국내 배송 물류 부문에 드론을 활용하는 기업으로는 파블로항공이 있습니다.

파블로항공은 인천시, 인천항만공사와 함께 2020년 11월 인천 신항에서 드론에 의약품 등의 물품을 싣고 영흥도까지 보내는 실증행사에 성공했습니다. 파블로항공은 드론 2대를 이용해 각각 의약품 등 3kg 무게의 물품을 싣고 인천 신항에서 출발해 영흥도와 자월도 섬을 선회했습니다. 육지에서부터 33km가량 떨어진 자월도로 출발한 드론이 1시간 20분간 섬 4바퀴를 돌아 총 80.6km 거리의 비행에 성공했습니다. 이는 당시엔 드론 비행으로 국내 최장 거리 기록입니다.

파블로항공은 오는 2023년 드론 배송 상용화를 목표로 관련 기술을 개발하고 있습니다.

〜 인천 섬 지역에 물품을 운반하기 위해 개발 중인 물류배송 드론이 인천 신항에서 이륙하고 있다. /인천항만공사 제공

Q. 드론 물류 활성화를 위해 필요한 것은 무엇인가요?

A. 가장 중요한 것으로 '관제' 기능이 꼽힙니다. 관제는 드론이 다른 드론 등과 충돌 없이 원하는 속도와 방향으로 이동할 수 있도록 돕습니다. 단순히 하나의 드론을 조종하는 것을 넘어 여러 대의 드론을 통제하기 위한 기술이라고 볼 수 있습니다. 관제는 드론이 바람이나 장애물 등을 피할 수 있도록 해주는 역할도 합니다.

이와 함께 드론 기체의 성능 향상도 중요합니다. 더 무거운 물품을 들 수 있고, 더 먼 거리를 한 번에 비행할 수 있는 기술은 안정적인 드론 활용을 위해서 필요한 기술이라고 할 수 있습니다.

가장 중요한 것은 '사업성'이기도 합니다. 드론을 사용하는 것이 다른 수단을 활용하는 것보다 더 나은 점이 있어야 합니다. 드론이 빠르다는 장점을 가지고 있지만, 비용이 다른 수단과 비교해 너무 높다면 이용하는 기업은 많지 않을 것입니다. 다만 앞으로 드론 관련 인프라가 확충되고, 기체 대량 생산 등으로 가격이 낮아지면 사업성이 확보될 것으로 전망됩니다.

Q. UAM은 구체적으로
무엇을 말하나요?

A. 한글로 '도심항공교통'이라고 표현합니다. 개인용 비행체 (PAV)가 도심을 날아다니며 교통수단 역할을 하는 시스템을 이야기한다고 보시면 될 것 같습니다. 버스나 택시, 철도가 도심을 다니기 위해서 필요한 것은 도로, 정류장 등이 있습니다. 이들 차량은 또 일정한 규칙대로 움직입니다. 차량이 신호등 빨간 불이 켜지면 멈추는 것이 대표적인 예입니다. 또 중요한 점은 운송수단(차량 등)이 일정 수준 이상의 성능을 발휘해야 한다는 것입니다.

UAM은 PAV 생산 능력과 함께 PAV가 다니는 도로라고 볼수 있는 항로, 여러 PAV가 효율적으로 움직이면서도 사고를 방지하기 위한 규칙 등을 포함합니다.

UAM은 도로와 철도 등 지상 교통수단을 보조하는 역할을 할 것으로 기대됩니다. 이들 지상 교통수단에 UAM이라는 하나의 교통수단이 더해지는 개념이라고 보시면 될 것 같습니다. 정부는 2025년 UAM 상용화를 목표로 기업들과 함께 관련 기술 개발에 박차를 가하고 있습니다.

Q. UAM이 도입되는 과정에서 인천공항의 역할이 있나요?

A. UAM은 초기에 2~3개의 거점을 연결하는 방식으로 운용 될 예정입니다. 이 중 한 곳이 인천공항입니다. 구체적으로 는 서울 도심과 인천공항. 김포공항을 오가는 UAM이 운용 될 예정입니다. 인천공항에 정류소 역할을 하는 버티포트 (Vertiport · UAM 이착륙장)가 설치됩니다.

2020년과 2021년에 각각 김포공항과 인천공항에서 PAV 비행 시연 행사를 진행하기도 했습니다. UAM은 도심 300~600m 고도로 비행할 예정입니다. 시연 행사는 PAV가 이 높이에서 비행하는 형태입니다. 비행 거리는 1km 미만 이 될 예정입니다. UAM이 상용화하면 버티포트 간 거리는 50km 안팎이지만 시연 행사 때 이 구간을 비행하지는 않습 니다.

또 인천공항은 수많은 항공기를 관제할 수 있는 능력을 갖 추고 있습니다. 이는 UAM 관제에도 도움이 될 것으로 기 대됩니다. 초기에는 구간이 단순하지만, 점차 많은 항로가 생겨날 것이고 관제의 중요성은 커질 것입니다. 인천공항 을 이용하는 항공기와 비행 공간이 겹치지 않게 하는 것도 중요합니다.

인천 · 물류 · 공부 —————————

III

물류
톺아보기

물류 서비스는
누가 맡는 게 좋을까

물류 활동은 다양한 영역에서 발생합니다. 부품과 원자재를 운송·보관하고, 부품과 자재를 가공·조립하는 과정을 거쳐 생산된 '제품'도 포장·보관·운송합니다. 포장, 보관, 운송 등 각 단계는 여러 부문으로 쪼개지기도 합니다. 보관 부문을 예로 들면 제품 생산공장에서도 일정 기간 보관이 이뤄지기도 하지만, 소비처 인근 물류센터에서도 제품을 보관합니다. 이 중간 단계에 거점 물류센터가 있는 경우도 있습니다. 이러한 활동은 국경을 넘나들며 진행됩니다. 제품이 최종 소비자에게 인도되기까지 수십 가지 물류 활동이 발생하는 것입니다. 이러한 것을 누가 하느냐에 따라 물류 활동을 구분하기도 합니다.

～ 음식을 배달하는 오토바이 배달원. 예전에는 음식점에 소속된 직원이었으나, 지금은 대부분이 배달대행업체 소속이다. 3PL기업의 역할을 단순화시켜 보면 배달대행업체의 역할을 한다고 할 수 있다.

Q. 물류기업의
분류 기준이 있나요?

A. 네 그렇습니다. 다만 한 가지 기준만 가지고 구분하는 것은 효율적이지 않을 뿐 아니라 현상을 제대로 나타내지 못할

수 있습니다. 예를 들어 해운과 항공 등 운송수단에 따른 분류가 있을 수 있고, 보관과 운송 등 물류 영역에 따라 구분하기도 합니다. 또 하나 기준이 되는 것은 '직접' 물류 활동을 하느냐, 그렇지 않느냐입니다.

앞서 말씀드린 것과 같이 물류 활동은 굉장히 다양한 영역을 포함하고 있습니다. 그렇기 때문에 물류 부문을 전문으로 하는 기업이 존재하고 있습니다. 그렇지만 제품을 개발·생산하는 기업에서 물류 관련 부서를 두고 직접 물류 영역을 소화하기도 합니다. 제품을 생산한 기업과 물류 수행 주체의 관계를 두고 기업을 구분하기도 합니다. 이때 'PL'이라는 단어를 사용합니다. PL은 'Party Logistics'의 약자입니다. 제품 생산기업이 직접 물류를 수행하면 '1PL' 또는 1자 물류기업이라고 부릅니다. 보통 1PL은 1자 물류, 2PL은 2자 물류, 3PL은 3자 물류라고 칭하기도 합니다.

Q. 1PL로 분류되는 기업은 어떤 곳이 있나요?

A. 규모가 큰 기업 중 '1PL(First Party Logistics)' 또는 '1자 물류'로 분류되는 기업은 많지는 않습니다. 분업이 효율적일 수 있기 때문입니다.

예전에는 중국음식점 대부분이 직접 음식을 배달했습니다. 오토바이를 사고, 배달원을 고용해 음식을 배달했습니다. 하지만 지금은 이러한 중국음식점이 많지 않습니다. 대부분 전문 배달대행 서비스를 이용합니다. 이들 배달원은 중국음식점 소속이 아니라 대행업체 소속입니다. 이들은 여러 음식점의 주문을 받아 음식을 배달합니다.

'1PL'은 직접 배달원을 고용해 음식을 배달하는 것처럼 직접 물류 활동을 수행하는 형태라고 볼 수 있습니다. 반면 배달만 전문으로 하는 대행업체를 물류기업 측면에서 보면 제품을 생산한 기업과 계약을 통해 업무를 수행하는 '3PL', 즉 3자 물류기업이라고 볼 수 있습니다.

우리나라에서는 화장품 기업인 아모레퍼시픽이 1자 물류를 수행하는 기업으로 꼽힙니다. 아모레퍼시픽은 자사 홈페이지에서 "아모레퍼시픽은 혁신적이고 표준화된 시스템과 강력한 글로벌 인프라를 포함하는, 고도로 통합된 방식의 물류 시스템을 운영하고 있습니다. 독자적인 피킹 시스템, 더욱 향상된 대응 능력, 그리고 혁신적인 물류 관리 방식을 통해 아모레퍼시픽은 오산을 구심점으로 국내 지역 물류 거점을 통해 제품이 빠르게 고객들에게 전달될 수 있도록 운영하고 있으며, 중국과 미국 등 물류 거점을 두고 전 세계로 가지를 뻗어 나가고 있습니다"라며 자사의 물류

시스템을 설명합니다.

Q. 2PL의 개념은
무엇인가요?

A. 중국음식점으로 비유하자면 A라는 중국음식점 사장의 동생이 배달만 전문으로 하는 B업체를 만들어 A기업의 배달 업무를 수행하는 개념입니다. 이때 B업체를 2자 물류기업으로 볼 수 있습니다. 보통 대기업 자회사 또는 관계사가 해당 기업의 물류 활동을 맡아서 진행하는 것을 2자 물류라고 합니다. 이때 자회사인 물류기업은 모기업뿐 아니라 다른 기업의 물류 업무도 수행할 수 있습니다.

우리나라에서 대표적인 2자 물류기업은 현대글로비스와 LX판토스를 꼽습니다. 현대글로비스는 현대자동차의 물류 부문을 맡아서 진행하고 있으며, LX판토스는 LX그룹의 물류 부문 기업이라고 보시면 될 것 같습니다.

Q. 인천에는 어떤 3PL 기업이 있나요?

A. 인천항 배후단지인 아암물류 1단지에 있는 화인통상은 국내에서 가장 큰 규모를 자랑하는 3PL 기업입니다. '3자 물류'라고도 불리는 3PL은 제품 생산을 제외한 물류 전반을 특정 업체에 맡겨 처리하는 것을 일컫습니다. 화인통상에서 처리하는 물품은 대부분 소비재이며, 물품 종류는 7천여 가지에 이릅니다. 가구 브랜드 '이케아', 의류 브랜드 '자라', 창고형 마트 '코스트코' 등 다수 글로벌 브랜드가 화인통상에 물품의 보관·통관·라벨링·국내운송 등을 맡기고 있습니다.

이들 글로벌 브랜드는 제품이 생산된 이후 소비자의 손에 닿기까지 전 과정을 화인통상에 맡긴다고 볼 수 있습니다. 특히 화장품과 식품 등은 각 국가의 기준에 맞게 성분 분석표 등을 작성해야 합니다. 화인통상은 외국에서 들여오는 화장품 등의 업무를 진행하기 위해 화학 전공자 등을 채용하기도 했습니다.

인천국제공항에도 여러 물류기업이 있습니다. LX판토스 인천공항센터는 2자 물류 업무와 3자 물류 업무를 모두 수행합니다.

세인티앤엘은 국내 최대 규모 관세법인 '세인관세법인'의 자회사입니다. 인천공항에 '세인공항물류센터'를 설립해 사업을 진행하고 있습니다. 2019년 준공된 세인공항물류센터도 3PL 기업으로서 역할을 합니다. 세인공항물류센터와 LX판토스 인천공항센터는 항공 화물이 중심입니다.

해외에서는 DHL이 대표적인 3PL 기업으로 꼽힙니다.

Q. 3PL(3자 물류)의
장단점은 무엇인가요?

A. 3PL 기업은 제품을 생산하지 않습니다. 물류에 특화된 기업입니다. 이 때문에 제품 생산부터 물류에 이르기까지 모든 활동을 수행하는 기업과 비교해 물류 분야에 대한 이해도가 높을 수 있다는 점이 장점으로 꼽힙니다. 또 생산기업 입장에서는 일정 분야를 전문기업에 맡기면서 생산 등 주력 분야에 더욱 집중할 수 있는 효과도 있습니다. 특히 과거엔 소품종·대량 생산 체제가 주를 이뤘다면 시간이 갈수록 다품종·소량 생산 경향이 강해지고 있습니다. 이에 따라 기업들은 핵심적인 것만 직접 진행하며, 나머지 분야는 전문업체에 맡기는 형태가 점차 많아지고 있습니다. 이는 비용적인 측면에서 효율적이라는 평가를 받고 있습니다.

반면 3자 물류를 1자 물류나 2자 물류와 비교하면 상대적으로 맞춤형 물류가 어렵다는 점이 단점으로 꼽힙니다. 예를 들어 1자 물류를 진행하는 아모레퍼시픽은 자사의 제품을 처리하는 데 최적화된 물류 시스템을 구축합니다. 반면 3자 물류기업은 여러 기업을 상대하기 때문에 한 기업에 최적화된 시스템을 구축하기 어려울 수 있습니다. 2자 물류 역시 생산기업과 자회사 등의 관계이기 때문에 3자 물류보다 맞춤형 서비스가 가능합니다.

또 3자 물류는 계약을 기반으로 하고 있기 때문에 계약을 파기하거나 계약한 물류기업이 도산할 가능성도 있습니다. 이럴 경우 필요 이상의 시간과 비용이 지출될 수 있다는 점이 단점입니다.

에너지 공급·수요의 거점
'항만과 공항'

에너지는 우리의 삶과 직접적으로 연관돼 있습니다. 현대인의 필수품인 휴대전화를 비롯해 버스와 지하철·승용차, 에어컨, 보일러 등은 모두 에너지를 필요로 합니다.

우리 삶과 밀접히 연관돼 있는 만큼, 이들 에너지를 원활하게 공급하는 것도 정부의 중요한 역할 중 하나입니다. 항만은 에너지를 수급하는 대표적인 거점입니다. 우리나라에서 생산되지 않는 유류, LNG 등의 화물은 대부분 선박을 통해 국내로 들어옵니다. 공항은 에너지의 주요 소비처 중 하나입니다. 항공기 1대에 들어갈 수 있는 유류의 양은 승용차 4천 대를 가득 채울 수 있을 정도입니다.

~ 인천공항에서 항공기에 연료를 주입하는 작업이 진행되고 있다.

Q. 에너지 화물의 종류는
무엇인가요?

A. 대표적인 에너지 화물은 '유류'입니다. 우리나라에서는 매장돼 있는 원유가 없기 때문에 중동 등 산유국으로부터 원유를 수입합니다. 또 이러한 원유를 정제해 수출하기도 합니다. 이 외에도 LNG, 석탄, 무연탄 등도 에너지 화물로 분류됩니다. 이들 모두는 선박으로 운송됩니다.

선박으로 운송되는 이유는 '부피'와 '무게' 때문입니다. 항공기로 운송하기에는 부피가 크고 무게가 무겁습니다. 항공기를 운용할 때 사용되는 에너지도 큰 만큼, 효율성이 떨어집니다. 많은 물량을 선적할 수 있고, 운송에 드는 비용이 적은 선박이 활용됩니다. 선박의 단점은 느린 운송 속도입니다. 항공기 대비 20배 정도의 운송시간을 필요로 합니다. 특히 많은 화물을 탑재한 선박의 이동속도는 더욱 느릴 수밖에 없습니다. 다만 에너지는 긴급한 화물에 속하지 않기 때문에 느린 운송 속도는 큰 문제가 되지 않습니다. 에너지 수급 상황에 따라 여유분을 비축하기 위한 목적으로 수입하는 만큼, 이동 시간을 고려해 수입 절차를 진행합니다.

Q. 인천항으로 들어오는 에너지 화물은 어떤 것들이 있나요?

A. 유류와 LNG, 석탄이 대표적입니다. 이들 화물을 취급하기 위한 전용 부두가 설치돼 있습니다. 유류를 실은 유조선이 접안하는 부두를 '돌핀 부두(Dolphin Wharf)'라고 부르기도 합니다. 돌핀 부두는 계류시설의 하나로 육지와 일정 거리 떨어져 있다는 게 다른 부두와의 차이점입니다. 돌핀 부두는 수심이 확보되는 해역에서 선박이 계류해 화물을 하역할 수 있도록 만든 말뚝형 구조물입니다.

인천에는 대한항공, SK인천석유화학, GS칼텍스 등이 운영하는 돌핀 부두가 운영되고 있습니다. 또 한국가스공사가 LNG 선박을 접안하기 위해 만든 부두도 운영되고 있습니다. 인천항 남항 쪽에는 석탄 부두가 위치해 있습니다. 석탄부두는 강원도로 이전이 예정돼 있습니다. 석탄부두가 강원도로 이전하면 인천항의 석탄 물동량은 대폭 줄어들 것으로 예상됩니다. 다만 아직 구체적인 일정이 확정되지는 않았습니다.

~ 인천항 LNG 인수기지에 설치된 돌핀 부두에 LNG운반선이 접안해 있다. 뒤쪽으로 보이는 원통형 구조물은 LNG 저장탱크다.

Q. 인천항으로 들어오는 에너지 화물의 양은 얼마나 되나요?

A. 인천항에서 가장 큰 비중을 차지하는 화물이 에너지입니다. 2021년 인천항으로 들어온 화물의 물동량은 1억2천900만RT(운임톤)입니다. 이 중 석유정제품이 1천54만RT, 원유가 806만RT입니다. 유류 관련 화물이 전체 수입 물동

량의 20%에 달합니다. 액화천연가스(LNG)를 포함하고 있는 '석유가스 및 기타가스' 품목의 물동량은 2천848만RT입니다. 유류 물동량보다 500만RT가 많은 양입니다.

여기에 유연탄(1천100만RT)과 무연탄(35만RT)까지 합하면 전체 수입 화물 중 에너지 화물의 비중은 50%에 육박합니다. 인천항이 국내 에너지 수급에 중요한 역할을 하고 있다고 볼 수 있는 대목입니다.

Q. 인천항으로 에너지 화물을 수입하는 이유는 무엇인가요?

A. 인천항이 수도권에 위치해 있다는 이유가 큽니다. 대한민국에서 가장 많은 에너지 화물을 수입하는 항만은 울산항입니다. 울산항은 에너지 화물 중점 항만입니다. 화학 관련 기업이 밀집해 있기도 합니다. 다만 울산은 에너지 수요가 큰 수도권과 멀다는 단점이 있습니다. 인천항은 수도권에 위치해 있어, 수요처와의 거리가 가깝다는 장점이 있습니다. 이는 육상 운송 거리를 최소화할 수 있어, 온실가스 발생량도 낮출 수 있다는 장점이 있습니다.

또 하나의 이유는 인천공항입니다. 항공기 한 대가 운항하기 위해서는 자동차 수천 대 연료통을 가득 채울 만큼의 연료가 필요합니다. 대한항공이 연간 사용하는 유류만 연간 3천만 배럴(약 47억 *l*)에 달합니다. 인천공항에서 이용할 에너지는 가까운 인천항을 통해 수급하는 것이 효율적입니다. 이 때문에 대한항공은 인천에 자체 부두를 운영하면서 연료를 수급하고 있습니다.

Q. 공항에서 사용하는 에너지는
어느 정도 되나요?

A. 미주나 유럽으로 가는 장거리 비행에는 급유만 40분 정도가 소요됩니다. 여객기 중 가장 큰 규모를 자랑하는 A380은 인천에서 뉴욕까지 가려면 6만7천 갤런(25만 3천 *l*)의 기름이 필요합니다. 이는 중형차 4천 대 연료통을 가득 채울 수 있는 양입니다.

인천공항에서는 코로나19 발생 이전인 2019년 하루 평균 1천여 편의 항공기가 뜨고 내렸습니다. 2019년 한 해 운항 횟수는 40만 4천104회에 달합니다. 인천공항에서는 항공기 운항을 원활하게 하기 위해 저유소를 운영하고 있습니다. 12기의 저유소가 있는데, 모두 채우면 1억5천만 *l* 정도를 채울 수 있는 것으로 알려졌습니다.

인천공항은 확장 공사를 진행하고 있습니다. 제2여객터미널을 확장하고 제4활주로를 건설하는 '4단계 건설사업'이 오는 2024년 완료될 예정입니다. 이 사업에는 신규로 저유소를 건설하는 내용도 포함돼 있습니다. 4단계 건설사업이 완료되면 인천공항 저유소는 2억 *l* 이상의 유류를 저장할 수 있는 인프라를 갖추게 됩니다.

물류 거점의
친환경 바람

물류는 화물이 이동하는 모든 과정입니다. 화물을 출발지에서 목적지까지 가장 빠르고 효율적으로 운송하는 것이 물류의 핵심입니다. 물류는 태생적으로 에너지를 소비하는 활동입니다. 선박·항공기·화물차 등 화물을 싣고 이동하는 운송수단뿐만 아니라, 이를 지원하는 예선(曳船), 토잉카(Towing Car) 등도 에너지를 소비합니다. 이 외에도 지게차, 크레인, 컨베이어벨트 등 에너지를 쓰는 장비가 너무나 많습니다.

이들 장비는 일상생활에서 사용하는 것보다 큽니다. 10만t을 넘는 선박도 있고 항공기도 마찬가지입니다. 컨테이너 크레인의 높이는 45m에 이릅니다. 항만과 공항은 대형 장비들이 모여 있는 대표적인 물류 거점입니다.

자연스럽게 많은 에너지를 쓰면서 탄소를 배출하고, 미세먼지를 발생시킵니다. '오염 유발 시설'이라는 평가를 받기도 합니다.

전 세계적으로 지속가능한 지구를 만들기 위해 탄소를 감축하기 위한 방안을 만들고 있습니다. 국내 항만과 공항도 탄소 배출을 줄이고 '친환경'의 가치를 실현하기 위해 다양한 방안을 도입하고 있습니다.

Q. 공항과 항만에서 발생하는
온실가스는 어느 정도 되나요?

A. 전 세계에서 발생하는 온실가스를 100이라고 한다면 '5' 안팎이 공항 · 항만 분야에서 발생하는 것으로 추정됩니다. 환경부에 따르면 항공 산업은 트럭, 선박, 항공기 등을 포함한 전 세계 운송 부문(transport fuel consumption) 연료 소비의 약 12%를 차지합니다. 또 2017년 기준으로 항공 분야는 전 세계 온실가스 배출의 2%를 차지하는 중점 배출원입니다.

해운 분야도 마찬가지입니다. 국제해사기구 연구에 따르면 전 세계 온실가스 배출량 중 해운 분야가 차지하는 비율은 3%에 이릅니다. 항공과 해운 분야를 합하면 전체의 5% 정도 될 것으로 추정됩니다.

물류 분야 운송수단은 항공기, 선박, 트럭이 대표적입니다. 많은 화물을 싣고 다니는 만큼 개인용으로 사용하는 것보다 많은 힘을 필요로 합니다. 이 때문에 물류 분야에서 사용하는 연료는 대부분 경유(diesel)입니다. 경유는 휘발유와 비교하면 저렴한 가격에 큰 힘을 낼 수 있는 연료이기 때문입니다. 물류 분야 전반에서 사용되고 있는 경유는 환경 오염의 주범으로 꼽힙니다. 많은 탄소를 배출하기 때문입니다.

~ 국내 첫 LNG 추진 예선 '백령호(324t)' 용골거치식이 인천 동구 화수부두에 있는 디에이치조선에서 열렸다.

Q. 선박 연료를 경유 외에 다른 것으로
대체하는 게 가능한가요?

A. 네 그렇습니다. 전국 최초로 인천항에서 'LNG를 연료로 한 예선'이 이달 중 운항을 시작할 것으로 예상되고 있습니다. LNG를 연료로 사용하면 경유와 비교했을 때 황산화물 100%, 질소산화물 92%, 분진 99%, 이산화탄소 23%를 줄일 수 있습니다.

인천항만공사에서 운용하는 항만안내선 '에코누리호'는 국내 최초의 LNG 추진 선박입니다. 에코누리호의 연간 탄소 저감량은 약 100t으로 소나무 2만 그루가 흡수하는 탄소량과 비슷한 것으로 추정되고 있습니다. LNG 추진선은 건조 비용이 비싸다는 단점이 있지만, 각 나라는 탄소 저감을 위해 LNG 추진선을 건조하고 있습니다.

포스코경영연구원이 2020년 발표한 '新造(신조) 발주 집중될 친환경 선박 분야 경쟁현황과 향후 전망' 자료에 따르면 LNG 추진선 건조 규모는 2020년 20조 원에서 5년 만인 2025년 130조 원으로 성장할 것으로 예상됩니다. 세계적으로 2029년까지 발주될 선박은 2천500~3천 척에 이를 것으로 보입니다. 2030년이 되면 국내에서 건조되는 선박의 60%가 LNG 추진선이 될 것이라는 전망도 내놨습니다.

Q. 해운 분야에서 선박의 연료 전환 외에 다른 변화는 무엇인가요?

A. 친환경 에너지로 꼽히는 수소 에너지를 사용하기 위한 움직임이 적극적으로 일고 있습니다. 2021년 해양수산부는 SK와 수소항만 구축을 위한 업무협약을 맺었습니다. 수소항만은 수소의 생산, 물류(수입·저장·공급), 소비·활용 등을 모두 아우르는 '수소 에너지 생태계'를 갖춘 항만을 의미합니다. 해수부는 수소를 생산·수입하고 수요처에 공급할 수 있는 수소생태계의 최적지가 항만이라고 설명했습니다. 해외에서 수소를 수입하는 관문이자 LNG를 수입해 생산하는 데도 적합한 여건을 갖추고 있다고 평가했습니다.

항만에는 선박뿐 아니라 컨테이너 크레인, 야드 크레인, 지게차, 화물차 등 다양한 장비가 사용되고 있기 때문에 이들 장비를 수소로 운용할 수 있는 생태계를 만든다는 게 해수부와 SK의 계획입니다.

해수부는 여수·광양항을 첫 수소항만으로 탈바꿈한다는 계획입니다. 첫 사업은 수소스테이션입니다. SK는 여수광양항만공사에 충전소 등의 기능을 갖춘 수소스테이션 건립을 제안했습니다. 항만 장비의 수소 연료 단계적 전환 등 항만 온실가스 감축을 위한 실증사업도 동시에 추진할 계

획입니다. 해수부는 여수·광양항에 이어 인천항, 부산항
에도 수소항만 생태계를 구축한다고 밝혔습니다.

Q. 항공 분야에서 추진하는
대표적인 친환경 정책은 무엇인가요?

A. 항공기의 바이오 연료 도입을 꼽을 수 있습니다. 항공기는
빠르게 화물을 운송할 수 있다는 장점이 있지만, 빠른 만큼
많은 연료를 소모합니다. 이 때문에 항공기를 이용하는 여
행을 두고 '반환경적'이라는 비판이 나오기도 합니다.

항공 업계는 항공 산업의 친환경화를 위해 노력하고 있습
니다. 대표적인 것이 연료를 바이오 연료로 전환하는 작업
입니다. 대한항공은 2021년 6월 현대오일뱅크와 바이오항
공유 제조·사용 기반 조성 협력을 위한 양해각서(MOU)를
체결했습니다. 바이오항공유는 곡물이나 식물, 해조류, 동
물성 지방 등을 원료로 만들어집니다. 일반 항공유 대비 탄
소 배출을 최대 80%까지 감축할 수 있지만, 항공유보다 3
배가량 비싼 가격과 생산·급유 인프라가 부족해 상용화에
어려움을 겪고 있습니다. 대한항공와 현대오일뱅크는 '국
내 바이오항공유 제조·사용기반 조성', '국내 바이오항공
유 사용을 위한 시장조사·연구 개발', '바이오항공유에 대

한 인식 향상·관련 정책 건의' 등의 부문에서 협력하기로 했습니다.

대한항공은 2020년 SK에너지와 탄소중립항공유 도입을 위해 협력키로 하는 등 탄소 배출 감소를 위해 적극적으로 나서고 있습니다. 이번 협력에 따라 대한항공은 우선 제주와 청주 출발 국내선 항공편을 대상으로 1개월 소요 분량의 탄소중립항공유를 SK에너지로부터 구입합니다. 탄소중립항공유는 원유 추출, 정제, 이송 등 생산부터 사용까지 전 과정에서 발생하는 온실가스를 탄소배출권으로 상쇄해 실질적 탄소 배출량을 '제로(0)'로 만든 항공유를 의미합니다.

Q. 항공사뿐 아니라
인천공항도 변화가 있나요?

A. 인천국제공항공사는 바이오항공유를 체계적으로 공급할 수 있는 시스템을 구축하기 위해 연구를 진행할 계획입니다. 대한항공이 바이오항공유를 적극 도입하려고 해도 공항 인프라가 뒷받침되지 않으면 바이오항공유 확산은 쉽지 않습니다. 이 때문에 인천공항공사가 연구 결과를 토대로 바이오항공유 공급 시스템을 구축하는 것은 바이오항공유 활성화에 도움이 될 것으로 기대되고 있습니다.

인천공항공사는 이번 연구를 통해 바이오항공유 산업 활성화 방안을 마련할 계획입니다. 이와 관련해 바이오항공유 현황, 관련 국제기구, 선도 국가, 주요 기업 동향, 국내 바이오항공유 생산·수입·수출 여건 등을 파악한다는 방침입니다. 바이오항공유 연관 산업에는 어떤 것들이 있는지 파악하고, 이들 산업의 경제적 파급 효과도 분석합니다. 이러한 연구·분석 결과를 토대로 인천공항공사는 바이오항공유 생산·공급 전망 등을 인천공항 중장기 로드맵에 반영할 방침입니다.

인천공항공사는 수소 차량 확대에도 힘쓰고 있습니다. 인천공항은 2020년 1월 제1여객터미널 인근에 수소충전소를 조성한 데 이어 7월 제2여객터미널에 수소충전소를 설치했습니다. 공항 이용객의 충전 편의성뿐만 아니라 공항 업무용 차량의 친환경 전환에 크게 기여할 것으로 기대됩니다.

물류 모세혈관
'화물차'

제2경인고속도로 종점인 능해 나들목을 나오면 축항대로가 나옵니다. 축항대로를 따라 차량을 운행하다 보면 다른 도로랑 다른 점이 느껴집니다. 여느 시내 도로들과 달리 화물자동차가 많다는 것입니다. 아마 승용차를 운행해 연안부두를 가보신 분들이라면 공감하실 것으로 생각됩니다. 도로 좌우에 있는 주유소엔 '화물차우대'와 같은 표기가 있는 것을 쉽게 볼 수 있습니다.

이 일대에 화물차가 많은 것은 인천항의 영향이라고 볼 수 있습니다. 인천항 내항과 남항이 인근에 있고, 관련한 물류창고 등이 줄지어 있습니다. 최근에는 내수물류와 관련한 물류센터도 많아지고 있습니다. '쿠팡' 등 전자상거래 기업의 물류창고가 이 일대에 들어서는 것입니다.

국제 무역이든 국내에서 이뤄지는 제품 운송이든 '화물차'는 가장 우리 일상과 가까운 운송수단입니다. 화물차는 내뿜는 매연, 사고가 났을 때 큰 인명 피해로 이어질 수 있다는 점 등 부정적인 요소도 있습니다. 그럼에도 불구하고 일상생활을 영위하기 위해서 반드시 필요한 운송수단이라는 점에 대해서는 이견이 없습니다.

모세혈관은 소동맥과 소정맥을 연결하는 그물 모양의 얇은 혈관입니다. 전신에 분포돼 있고, 혈액과 조직 사이의 물질교환을 수행하고 있습니다. 이 때문에 화물차 또는 도로 인프라를 '물류의 모세혈관'이라고 비유하기도 합니다.

2022년 11월 24일에 민주노총 공공운수노조 화물연대본부가 총파업을 시작했습니다. 안전운임제 일몰제 폐지와 품목 확대를 주장하며 벌인 파업입니다. 이 파업의 영향으로 일상은 영향을 받았습니다. 파업에 참여한 화물차는 시멘트와 컨테이너, 유류 운송차량 등입니다. 항만 반출입이 큰 폭으로 줄었고, 기름이 동나는 주유소도 생겨났습니다. 화물차가 우리 사회에서 우리 일상에 얼마나 많은 영향을 미치는지 알 수 있습니다.

Q. 화물차가 물류에서 차지하는 비중은
얼마나 되나요?

A. 물류에 있어서 화물차를 거치지 않는 분야를 찾기가 어렵다고 볼 수 있을 것 같습니다. 무게를 기준으로 했을 때 수출입 화물의 99%는 선박을 통해서 운송됩니다. 화물의 가격을 기준으로 하면 30% 정도는 항공 운송입니다. 다만 이 기준은 '수출입'이라는 기준을 적용했기 때문입니다. 국경을 넘는 과정에서는 선박과 항공기가 주로 활용되지만, 이후 목적지까지 운송되는 과정에서는 모두 화물차가 활용된다고 보면 될 것 같습니다.

코로나19 백신을 예로 들어볼까요. 미국에서 생산된 백신은 생산공장에서 화물차에 실려 미국 공항으로 옮겨집니다. 항공기에 실린 뒤 국내에 와 바로 화물차에 실려 물류센터 또는 각 보건소 등으로 옮겨졌습니다. 코로나19 백신은 온도 등에 민감하기 때문에 일반적인 컨테이너 트럭에 실리진 않았지만, 화물차에 실렸다는 점은 다르지 않습니다.

~ 인천 신항 인근에서 화물차가 줄지어 있다. /화물연대 제공

Q. 화물차가 원활히 활동하기 위한 인프라에는
어떤 것들이 있나요?

A. 가장 기본적인 인프라는 도로입니다. 다닐 수 있는 길이 없으면, 화물차의 활용도는 떨어질 수밖에 없습니다. 또 하나는 '주차 공간'입니다. 화물차는 일반 승용차보다 길이가 2배 이상입니다. 이 때문에 승용차 기준으로 조성된 주차장을 활용하기 어렵습니다. 화물차 전용 주차장이 필요한 이유입니다.

적절한 주차 공간은 화물차 운전사의 휴식을 위해서 필요합니다. 주차할 공간이 마련돼 있지 않으면, 주차장을 찾기 위해 운행 시간이 늘어날 수 있습니다. 결국 전용주차장을 찾지 못하면 '한적한 주택가' 등에 불법 주차를 할 수밖에 없는 상황에 내몰리기도 합니다. 이는 화물차 운전사의 피로도를 높일 뿐 아니라, 불법 주차된 차량 인근 주민들에게도 좋지 않습니다. 또 주차 공간을 찾기 위해 운행 기간을 늘리면 그만큼 연료가 소모되기도 합니다.

주차장은 여러 측면에서 중요한 화물차 인프라이지만 충분히 조성돼 있지 않습니다.

화물연대 인천지부에 따르면 2021년 화물차 밤샘주차로 단속된 건수는 5천700건에 달한다고 합니다. 이는 2016년 2천500여 건과 비교해 130% 정도 증가한 것입니다. 화물차 주차장이 부족하다는 점을 보여줍니다.

Q. 화물차 주차장이
부족한 이유는 무엇인가요?

A. 인천에 등록된 영업용 화물차는 3만 2천318대입니다. 전국 43만 3천356대의 7.46%이지만 인천항과 인천공항이 운영되고 있어 운행 빈도나 횟수는 이보다 더 많을 것으로 추정됩니다. 그럼에도 화물차 전용 휴게시설은 1개에 불과합니다. 화물차 전용 주차장은 5천560면으로 등록대수 대비 17.2%에 불과합니다. 화물차 주차·휴게 인프라 확충이 필

요하다는 이야기가 나오는 이유입니다.

그럼에도 불구하고 화물차 주차장 확보가 쉽게 이뤄지지는 않습니다. 화물차 주차장이 '혐오시설'로 인식돼 있기 때문입니다. 화물차에서 뿜어져 나오는 배기가스는 물론 사고 가능성 등을 이유로 주민들이 화물차 주차장을 반대합니다.

인천항만공사는 10여 년 전부터 인천 신항 인근에 화물차 주차장을 조성을 추진하고 있으나, 주민들의 반발로 지체되고 있습니다. 주차장 예정지인 송도국제도시 주민들의 반발이 거셉니다. 이 때문에 주거공간과 화물차 주차장을 분리하는 방안을 제시하기도 했습니다.

화물차 운전사들은 주차장 조성이 시급하다고 강조합니다. 인천 신항의 물동량은 꾸준히 증가하고 있는데, 화물차 주차장 등 인프라가 늘어나지 않으면 운전기사뿐 아니라 사고 위험이 높아진다고 주장합니다.

Q. 화물연대가 주장하는
안전운임제는 무엇인가요?

A. 안전운임제는 컨테이너와 시멘트를 운송하는 화물자동차

운전사를 대상으로 하는 일종의 최저임금제도입니다. 화물차 기사에게 최소한의 운송료를 보장하고, 이를 주지 않는 화주에게 과태료를 부과하는 것입니다. 화물차 기사들이 생계를 이어가기 어려운 운임을 받는 것을 막기 위해 마련됐습니다. 특히 낮은 임금을 상쇄하기 위해 오랜 시간 운행하고, 쉬는 시간 등을 확보하기 위해 과속·과적 등으로 내몰리는 것을 막자는 취지로 2020년 도입됐습니다.

안전운임제는 3년 이후 제도가 없어지는 '일몰제'였습니다. 이에 화물연대는 2022년 6월 일몰제 폐지 등을 요구하면서 파업을 진행했습니다. 정부가 '안전운임제 지속 추진', '품목 확대 논의' 등을 약속하면서 파업은 8일 만에 마무리됐습니다. 화물연대는 파업한 지 6개월도 채 되지 않은 시점에서 다시 파업을 선택했습니다. "정부가 안전운임제 지속 추진 등 약속을 지키지 않는다"고 주장하고 있습니다. 또 안전운임제가 도입되면서 화물차 안전이 높아졌다고 강조합니다.

반면 정부는 안전운임제 도입으로 인한 효과는 불분명하다고 주장합니다.

Q. 가까운 미래엔 화물차를 대체할 새로운 운송수단이 등장할 수 있을까요?

A. 화물차가 단기간에 많은 화물을 목적지까지 보낼 수 있는 수단이라는 점은 미래에도 큰 변화가 없을 것 같습니다. 아마도 화물차를 운행하는 방식의 변화가 클 것으로 예상됩니다.

화물차의 연료가 전기 · 수소 등 친환경 방식으로 바뀔 수 있습니다. 이는 화물차로 인한 환경 오염을 줄이기 위한 노력입니다. 이미 수소 연료 화물차 등은 생산이 이뤄지기도 했습니다. 머지않은 미래에 친환경 연료를 기반으로 한 화물차 인프라가 확충될 것으로 예상됩니다. 자율주행 기술도 화물차에 도입될 수 있는 기술입니다. 시내 구간이 아닌 자동차전용도로 구간은 변수가 적기 때문에 자율주행 기술이 도입될 수 있는 좋은 조건을 가지고 있습니다.

이러한 기술은 화물차로 인한 사고 등 부정적인 요소를 상당 부분 줄이는 데 기여할 것으로 기대됩니다.

자율주행에 가장 최적화된 분야
'물류'

최근 출시되는 자동차는 대부분 '자율주행' 기술을 표방합니다. 완전한 '자율' 주행이 아니더라도 일부 운전자를 보조하는 역할을 하는 기능이 점차 발달하고 있고, 이를 자율주행이라는 말로 표현하기도 합니다. 자율주행은 말 그대로 '스스로' 운행하는 것을 말합니다. 이는 자동차에 국한되지 않습니다. 항공기와 선박 등에 대해서도 자율주행(또는 운항) 기술 개발이 이뤄지고 있으며, 이는 머지않은 미래에 상용화될 것으로 기대되고 있습니다.

'물류' 부문에도 자율주행 기술이 적용되고 있습니다. 일부 창고에서는 자율주행 기술을 탑재한 로봇이 역할을 하고 있습니다. 물류 부문은 다른 영역보다 자율주행이 더 빠르게 적용될 것으로 보는 시각이 많습니다. 이는 물류의 특성에 기인합니다.

Q. 자율주행의 장점은 무엇인가요?

A. 많은 기업들이 자율주행 기술을 개발하고 있습니다. 이는 자율주행의 장점이 크기 때문입니다. 자가용 승용차를 예로 들면 자율주행 자동차에 타는 운전자는 운전을 하지 않아도 됩니다. 이는 피로함을 덜 뿐 아니라 그 시간에 다른 업무를 할 수도 있습니다. '시간'이 절약됩니다. 또 하나의 장점은 연료 효율성입니다. 급가속과 출발 등 운전자 습관에 따라 운행 효율의 편차가 큽니다.

반면 자율주행 자동차는 관련 제도 · 규정을 기반으로 최적의 효율을 위한 운행이 가능합니다. 급가속과 급출발을 줄이는 등 효율적인 운행이 가능하고, 이는 연료 소비를 줄이는 역할을 합니다.

Q. 물류 부문에서 자율주행이 적용되고 있나요?

A. 자율주행의 범위를 넓게 보면 그렇다고 볼 수 있습니다. 물류는 단순히 설명하면 물건을 옮기는 것입니다. 물건은 창고 안에서 이동하기도 하고, 선박이나 항공기에 실려 국가를 넘나들기도 합니다. 현재 시점에서 자율주행 로봇이 빠르게 확산하고 있는 부문은 물류창고입니다. 일부 물류창고에서는 기존에 사람이 운전하는 지게차를 이용해 옮겼던 일을 자율주행 기능을 갖춘 로봇이 대신하고 있습니다.

인천 서구에 본사를 둔 스타트업 '시스콘'은 물류센터에 활용되는 로봇을 개발 · 제조하는 기업입니다.

시스콘이 개발한 로봇은 'AMR(Autonomous Mobile Robots · 자율 이동 로봇)'로 분류됩니다. 제조공장에서 활용하는 로봇 다수는 'AGV(Automated Guided Vehicle · 무인 운반차)'입니다. AGV는 로봇이 이동할 수 있는 경로가 정해져 있고 설치비가 많이 든다는 단점이 있습니다. 반면 AMR은 이동에 제한이 없고 자율주행을 기반으로 움직이기 때문에 안전사고 발생 등 위험도도 적다는 평가가 있습니다. 시스콘은 2020년부터 국내 사업장에 AMR 기반의 로봇을 납품하고 있으며, 이는 국내 최초로 알려져 있습니다.

시스콘이 개발한 AMR의 핵심기술은 '알고리즘'입니다. 정해진 동선을 따라 이동하는 것이 아니기 때문에 돌발 상황 등 다양한 변수에 대응할 수 있도록 알고리즘을 자체 개발했습니다. 정확성도 중요합니다. 컨베이어벨트에 짐을 싣기 위해서는 정확한 위치로 이동해 기존 설비와 연결돼야 하는데, 시스콘은 오차를 1cm까지 줄였다고 강조하고 있습니다.

Q. 물류 부문에서 자율주행 기술이 도입되는 이유는 무엇인가요?

A. 물류는 자율주행이 적용되기에 좋은 조건을 가지고 있다는 평가를 받습니다. 가장 큰 이유 중 하나가 화물 운송 과정에서의 안전성 확보입니다.

흔히 자율주행은 '승용차'를 두고 이야기합니다. 사람이 했던 운전을 인공지능이 대신 하는 것입니다. 이는 여러 위험 요소를 가지고 있습니다. 불완전한 자율주행 기능은 운전자뿐 아니라 보행자, 타 차량 운전자 등에게 위협이 될 수 있습니다. 물류 부문에서 자율주행은 사람이 하는 일을 대신 하지만 승용차보다 인명 피해를 줄일 수 있습니다. 앞서 언급됐던 물류창고도 마찬가지로 사람이 진행하면서 생길 수 있는 안전사고의 위험은 줄이면서, 업무의 효율성은 높이는 방식입니다.

Q. 물류창고 이외 분야에서 자율주행은 적용되고 있나요?

A. 아직 본격화하지는 않았지만 여러 시도가 이뤄지고 있습니다. 특히 가까운 미래에 트럭 운송에서 자율주행 기술이 도입될 것으로 전망됩니다. 화물 운송 과정에서 트럭이 활용됩니다. 우리나라를 예로 들면 수도권 지역의 화물이 부산항까지 트럭에 실려 운반됩니다. 5시간 안팎을 운전해서 가야 하는 과정입니다. 대부분은 고속도로를 이용하는데, 고속도로는 자동차 전용도로라는 점에서 일반도로보다는 자율주행이 적용되기에 좋은 조건을 가지고 있습니다.

예를 들어 서울지역 고속도로 나들목부터 부산 고속도로 나들목까지만 자율주행으로 운항하고, 나머지 시내 구간은 현재의 방식대로 운전사에게 맡기는 방식입니다. 자율주행은 장기간 운전으로 인한 운전자의 피로감과 사고 위험성을 줄일 수 있습니다. 상대적으로 돌발 상황이 적기도 합니다. 최적의 패턴으로 운항할 수 있기 때문에 연료 효율성도 좋습니다.

Q. 트럭 자율주행이 실현된
사례가 있나요?

A. 2021년 미국에서 자율주행 트럭 시험운행이 이뤄졌습니다. 미국의 자율주행트럭 개발 업체 '투심플(TuSimple)'은 5월 초 자율주행 트럭으로 애리조나주의 노게일스에서 오클라호마주의 오클라호마시티까지 자율주행 방식의 시범 운송을 진행했습니다. 총 운행 거리는 951마일(1천530km), 운행 시간은 14시간 6분이었습니다. 전체 구간을 평균 시속 109km로 달렸습니다. 투심플은 평소 사람이 운전할 경우 24시간 6분 걸리던 것이 10시간(42%)이나 단축됐다고 설명했습니다. 이는 사람이 운전했을 경우 필수인 휴식시간이 필요 없기 때문에 가능했습니다. 만약의 사태에 대비해 탑승한 운전자가 운송의 시작구간과 최종구간에서는 직접 나서서 운전대를 잡고 화물 인수 · 인도 작업을 진행했습니다.

아직 상용화하지는 못하고 있지만, 이 같은 방식으로 트럭 운송 분야에서 자율주행이 가능할 것으로 전망됩니다. 다만 상용화까지는 관련 제도가 정비돼야 하고, 기술적인 보완도 필요할 것으로 보입니다. 특히 미국보다 도로 환경이 복잡한 우리나라에서는 상용화가 더 오래 걸릴 수 있습니다. 그렇다고 하더라도 물류 부문에서 자율주행은 효율성과 사고 위험성 감소라는 측면에서 매력적인 기술임에 틀

림없습니다.

~ 인천공항에서 운영되고 있는 안내로봇 '에어스타'. 자율주행 기술이 적용돼 있다. /인천국제공항사 제공

Q. 해운·항공 분야 자율주행 기술은
어디까지 개발됐나요?

A. 해양수산부는 2021년 12월 자율운항 선박 시장을 선점하기 위한 기술 개발에 힘쓰겠다고 밝혔습니다. 2022년 업무 추진계획에 이 내용이 담겼습니다. 해수부는 2025년 자율운항 선박 관련 시장 규모가 180조 원에 이를 것으로 전망하고 있습니다. 선박 자율운항은 육로 교통수단보다 이동

과정에서 장애물이 더 적다는 점에서 기술 개발이 빠르게 이뤄질 것으로 전망됩니다.

항공 분야에서는 일정 부문 자동비행이라는 이름으로 일부 자율주행이 도입됐다고 할 수 있습니다. 여객기 등은 특별하지 않은 상황에서 자율주행과 비슷한 '자동비행'을 진행하고 있습니다. 오토파일럿이라는 이름으로 쓰이고 있으며, 널리 보급돼 있습니다. 다만 '무인 비행' 등은 아직 이뤄지지 않고 있습니다. 항공기 특성상 사고가 났을 때 대형 사고로 이어질 가능성이 크기 때문입니다. 또 최근 주목받고 있는 '에어택시', '드론 택시' 등 소형항공기의 자율주행 기술이 빠르게 발달하고 있습니다. 이런 기술이 상용화되기 위해서는 관련 시스템이 마련돼야 하고, 제도가 뒷받침돼야 합니다.

공항에서는 일부 '자율주행' 기술이 도입돼 있습니다. 인천공항 마스코트라고 할 수 있는 안내로봇 '에어스타'가 자율주행 기술의 일종입니다. 인천국제공항공사는 '자율주행 셔틀버스' 등을 도입한다는 계획을 가지고 있기도 합니다.

물류의 중요성 부각된
2021년

'물류사(史)'가 있다면 2021년은 여느 해보다 기록할 양이 많을 것입니다. 2021년은 물류의 중요성이 강조된 해라고 해도 과언이 아닙니다. 코로나19는 많은 것을 바꿔놓았습니다. 일상생활에서 배달음식을 이용하는 비율이 높아졌고, 재택근무도 많아졌습니다. 학생들은 비대면 수업을 더 이상 어색해하지 않습니다. 특히 배달 · 운송 · 물류와 관련한 여러 이슈가 있었습니다.

Q. 수에즈 운하는
왜 막혔을까요?

A. 수에즈 운하는 이집트 북동쪽에 있는 운하로 길이는 168*km*
입니다. 1896년 건설됐습니다. 인도양에서 유럽을 가기 위
해서는 아프리카 대륙을 돌아가야 했으나 수에즈 운하가
개통된 후에는 유럽과 인도양·태평양을 연결하는 최단거
리의 항로가 되었습니다.

수많은 컨테이너를 실은 선박은 수에즈 운하가 있기 때문
에 연료를 절감하고, 더 빨리 목적지로 갈 수 있었습니다.
파나마 운하와 더불어 세계 컨테이너선이 이용하는 대표적
인 운하이기도 합니다.

수에즈 운하를 지나는 선박은 하루 50척 정도로 세계 교역
량의 10% 정도를 차지하는 것으로 알려졌습니다. 이처럼
세계 물류 흐름에 중요한 역할을 합니다.

수에즈 운하는 2021년 3월 23일 막혔습니다. 컨테이너선
에버기븐(Ever Given)호가 수에즈 운하에서 좌초돼 통행이
6일간 마비됐습니다. 에버기븐호 좌초로 수백 척의 선박이
수에즈 운하 입구에서 대기해야 했습니다. 모래 폭풍 영향
으로 좌초된 것으로 알려졌으나, 선박의 기술적인 문제나

사람의 실수가 가장 큰 원인이라는 분석도 있습니다.

이 사고로 90억 달러 상당의 물품 운송이 지연된 것으로 파악됐습니다. 선박 한 척의 사고로 인해 세계 물류 흐름이 영향을 받으면서, 전 세계 공급망의 취약한 고리를 드러냈다는 평가도 있습니다.

Q. 대폭 줄어든 항공기 운항.
어떤 영향을 미쳤을까요?

A. 코로나19가 발생하기 전인 2019년과 2021년을 비교하면 항공 운임은 3~4배 정도로 올랐습니다. 많게는 5배 안팎으로 뛰었다는 이야기까지 나왔습니다. 운임은 수요와 공급의 법칙에 의해서 결정됩니다. 운송을 원하는 수요가 많을수록 운임은 오르고, 공급이 많을수록 운임은 내려갑니다.

운임 인상의 원인으로 공급 부족이 꼽힙니다. 입국 제한 등의 영향으로 여객기 운항이 대폭 줄어들면서 여객기 하부 공간(밸리)을 통한 운송이 어려워졌습니다. 운송이 필요한 화물은 그대로이거나 늘어나고 있는데, 항공기 운항이 줄어든 것입니다. 이는 운임 인상을 가져왔습니다. 항공사들은 여객기에 화물만 싣는 등의 방식으로 공급을 늘렸지만,

운임 인상 추세는 이어지고 있습니다.

코로나19 영향으로 비대면 소비가 많아진 점은 수요 증가로 이어졌고, 운임 인상에 영향을 미친 것으로 보입니다. 해외여행을 다녀오면서 구입했던 물품들은 화물기나 여객기 밸리가 아니더라도 개인 캐리어에 싣고 왔습니다. 그런데 이러한 물품들은 온라인 주문을 통해 구입해야 하는 상황이 됐고, 이는 화물 수요 증가로 이어진 것입니다. 코로나19와 관련된 의약품 수송도 수요 증가에 영향을 미친 것으로 분석됩니다.

화물 운임 강세가 이어지면서 화물 부문에 관심이 많지 않던 저비용항공사(LCC) 등도 화물 영업에 뛰어들었습니다. 코로나19 상황이 언제 진정될지 알 수 없는 상황에서 항공기를 놀리는 것보다는 화물을 싣고 운항하는 것이 낫겠다고 판단한 것입니다.

Q. 해상 운송 '대란',
왜 벌어졌을까요?

A. 2021년엔 '해운 대란'이라는 표현이 뉴스에 자주 등장했습니다. 수출입 기업은 배를 구하지 못해 수출입에 영향을 받

았습니다. 화물 운송 운임은 치솟았고, 높은 운임에도 제때 화물을 운송하는 것이 어려워지자 '대란'이라는 표현이 등장한 것입니다.

글로벌 해상 운송 운임의 지표가 되는 상하이컨테이너운임지수(SCFI)는 2022년 초 5천을 돌파했습니다. 지난해 말에는 4천900대였으며, 최고 기록을 경신하고 있습니다. 코로나19 사태가 시작된 2020년 3월께 800 후반에 머물렀던 것과 비교하면 5~6배로 오른 것입니다.
2022년 하반기 들어서 운임이 안정화되긴 했지만, 2020년 초와 비교하면 2~3배 수준입니다.

항공 부문과 마찬가지로 해운 부문도 많아진 수요가 운임 인상을 가져왔다는 분석이 많습니다. 특히 2021년 3월에 있었던 수에즈 운하 사고가 운임 인상을 가속했다는 분석이 있습니다.

또 하나의 원인은 '노동자'입니다. 컨테이너선이 운항하기 위해서는 컨테이너에 화물을 싣는 작업을 해야 합니다. 또 목적지 항만에 도착한 선박은 컨테이너를 내려야 합니다. 이 과정에서 노동자들이 역할을 합니다. 이 컨테이너는 또다시 트럭을 통해 항만 밖으로 빠져나가야 합니다. 이러한 과정 중 어느 한 과정이 멈춰버리면 해운 물류는 차질을 빚습니다.

항만 노동자들이 코로나19에 감염되면서 일할 사람이 부족해졌습니다. 선박에서 화물을 내리거나, 내린 화물을 트럭에 싣고 운송하는 과정이 지체된 것입니다. 처리하지 못하는 컨테이너가 점차 항만에 쌓였고, 이 때문에 선박이 항만에 들어와도 짐을 내릴 공간이 없는 사태가 발생했습니다. 자연스럽게 선박은 짐을 내릴 때까지 대기해야 합니다. 기존엔 하루 만에 짐을 다 내렸지만 1주일까지 소요되기도 했습니다. 선박이 출항하지 못하면서 입항을 하지 못하는 '대기 선박'이 늘어났습니다.

항만 내에 쌓인 컨테이너 때문에 운영 효율은 더욱 떨어질 수밖에 없습니다. 여러 악순환이 이어지면서, 미국 LA 롱비치항은 100척 정도의 선박이 해상에서 대기하는 진풍경이 벌어지기도 했습니다.

Q. 인천항과 인천공항은

2021년에 어떤 실적을 거뒀나요?

A. 인천공항은 물류 부문에서 최고의 해였습니다. 인천항은 기대치에 못 미친 '반쪽 성과'에 그쳤습니다.

인천공항은 2021년 330만 685t의 물동량을 처리했습니다. 전년 282만 2천370t보다 17% 증가했습니다. 인천공항은 개항 이후 처음으로 연간 물동량 300만t을 돌파했습니다. 코로나19 영향으로 비대면 소비가 확산하고 진단키트와 백신 등을 항공으로 운송하면서 물동량이 늘어난 것으로 분석됩니다. 일부 해상 물동량이 항공 부문으로 옮겨갔다는 견해도 있습니다.

인천공항은 2022년 물동량이 전년 대비 소폭 줄어들긴 했지만, 중장기적으로 상승 추세는 계속될 것으로 전망하고 있습니다.

인천항도 역대 최대 컨테이너 물동량을 기록했습니다. 2021년 인천항 컨테이너 물동량은 335만TEU(1TEU는 20피트 컨테이너 1대분)를 기록했습니다. 역대 최대 기록이면서 전년도 327만TEU와 비교해 3% 정도 성장했습니다.

다만 인천항은 2021년 초 연간 물동량 목표를 345만TEU로 설정했으나, 목표에는 미치지 못했습니다. 인천항 물동량은 상반기에 증가세가 두드러졌으나, 하반기 들어서면서 감소하는 모습을 보였습니다. 글로벌 해운 대란의 영향을 받은 것으로 분석됩니다.
2022년은 2021년보다 소폭 줄어들었습니다. 중국이 제로 코로나 정책을 유지하면서, 경제활동이 둔화한 것이 영향을 미쳤습니다. 인천항은 중국 물동량이 60%에 이르는 등 비중이 큽니다.

인천은 '남북 교류 거점'의 최적지

남북관계를 표현할 때 '롤러코스터'라는 표현이 종종 등장합니다. 위·아래·좌·우로 빠르게 움직이는 롤러코스터를 변화무쌍한 남북관계에 비유한 것입니다. 2018년 4월 남북 정상이 손을 맞잡았습니다. 이후 남북은 여러 방면으로 교류·협력 사업을 빠르게 추진했습니다. 남북관계가 긍정적으로 발전할 것이라는 기대가 커졌지만, 오래가지 못했습니다.

정상회담이 이뤄진 지 4년이 지난 2022년 4월 남북관계는 더욱 경색됐습니다. 북측은 최근 ICBM(대륙간탄도미사일)을 발사했습니다. 남측은 대통령과 차기 대통령 당선인이 규탄의 목소리를 냈습니다. 전 세계가 북한의 행동을 비판했습니다.

여러 변화에도 불구하고 남북관계가 평화를 기반으로 긍정적으로 변화하길 바라는 것은 모두의 바람일 것입니다.

남북 평화를 위해서 필요한 것은 '교류'입니다. 지금처럼 인적 · 물적 교류가 멈춘 상태에서 급격한 관계 개선은 쉽지 않습니다. 교류는 관계를 개선하는 첫 단추가 될 수 있습니다. 그중에서도 '물적 교류'는 물류를 중심으로 이뤄집니다.

인천은 과거부터 북측과의 교류의 중심에 있었습니다. 불과 10여 년 전까지만 해도 인천항과 북측 남포항을 오가는 화물선이 있었습니다. 인천국제공항은 전 세계 화물 허브 역할을 충실히 하고 있습니다. 인천이 남북 교류의 거점 역할을 하기에 최적인 이유입니다.

Q. 남북관계가 경색되기 전에 남북 교류에 있어
인천은 어떤 역할을 했나요?

A. '트레이드포춘'이라는 이름을 가진 화물선이 있었습니다. 이 선박은 남북 교류의 상징처럼 여겨졌습니다. 10년 넘는 기간 인천항과 북한 남포항을 오가며 물자를 실어 날랐기

때문입니다.

~ 2010년 5 · 24 조치가 발표 이후 남북관계가 급속도로 경색된 가운데 인천항에 정박된 트레이
드포춘호가 출항을 앞두고 접안해 있는 모습. 트레이드포춘호는 2001년부터 남북을 오갔으나,
2011년 운항을 멈추고 2012년 폐선됐다.

국적선사인 국양해운은 2001년부터 트레이트포춘호를 투입해 인천항~남포항 정기노선을 주 1회 운항했습니다.

운항을 시작한 지 이듬해인 2002년부터 2011년까지 10년 동안 트레이드포춘호는 남북을 오가며 컨테이너 6만 3천552TEU(1TEU는 20피트짜리 컨테이너 1대분)와 벌크화물 15만 2천96t을 운송했습니다. 당시 인천항에서 남포로 갈 때는 섬유류, 화학, 전자 · 전기제품 등을 실었고, 북에서는 농수산물, 광물자원, 바닷모래 등을 주로 싣고 돌아왔습니다. 쌀과 밀가루, 분유, 의류 등 민간단체들의 대북 지원을 위해 보내는 물품도 대부분 트레이드포춘호에 선적돼 북에 전달됐습니다.

인천항과 남포항의 정기노선은 트레이드포춘호가 운항을 시작하기 3년 전인 1998년부터 진행됐습니다.

1998년부터 2011년까지 15년 가까이 진행됐던 남북 정기노선은 우리 정부가 2010년 천안함 사건에 대응해 남북 교역을 중단하는 5 · 24 조치로 끊겼습니다. 5 · 24 조치 직후엔 소량이나마 물량이 있었으나 급격히 줄었습니다. 결국 트레이드포춘호는 2011년 10월 운항을 완전히 멈췄습니다. 갈 곳을 잃은 트레이드포춘호는 결국 2012년 폐선됐습니다. 트레이드포춘호가 운항을 멈춘 지 10년이 지났지만 인천~남포항 뱃길은 아직 이어지지 않고 있습니다.

인천항과 교류했던 남포항은 북의 수도 평양과 가까운 관문항입니다. 서울과 가까이 있는 인천항과 닮은 점이 많습니다. 항만 · 해운 업계는 남북관계가 개선되고 남북을 잇는 뱃길이 열리면 가장 먼저 인천~남포항이 열릴 것으로 기대하고 있습니다.

~ 2007년 인천항 내항 1부두에서 북한 남포항으로 출항 준비하는 트레이드포춘호.

Q. 인천국제공항도 인천항처럼
물자 교류의 거점 역할을 했나요?

A. 그렇지는 않습니다. 인천공항은 물자 교류 보다는 다른 분
야에서 중요한 역할을 했다고 볼 수 있습니다.

다만 인천항~남포항처럼 인천공항과 연결되는 정기 항공
노선은 운영되지 않았습니다. 일회성으로 행사 등을 위해
한국을 찾는 북한 인사들이 인천공항을 이용했습니다.

인천국제공항은 2001년 개항했습니다. 2000년에 김대중
전 대통령은 처음으로 정상회담을 열고 성사시킨 '6 · 15
공동선언'이 있었습니다. 이후 2007년에는 노무현 대통령
이 북측 정상과 함께 '10.4 정상선언'을 발표했습니다. 인
천공항이 개항한 직후 시기의 남북관계는 이전보다는 훈
풍이 불고 있었습니다. 자연스럽게 인적 · 물적 교류도 이
전보다는 활발했습니다. 인천공항은 주로 관문 공항으로서
역할을 했습니다.

2002년에는 '2002 남북통일축구대회'에 참가하기 위해 남
측을 찾은 북한축구선수들이 인천국제공항을 이용했습니
다. 2014년 인천아시안게임 북한 선수단도 인천공항을 통
해 국내로 들어왔습니다. 2018년 2월 평창올림픽을 앞두고

당시 김여정 북한 노동당 제1부부장이 특사 자격으로 인천 공항에 왔습니다.

인적 교류가 제한돼 있는 상황에서 인천공항의 역할이 확대되기엔 어려운 측면이 있었습니다.

다만 향후 남북관계가 개선되면 인천공항의 역할이 커질 수 있다는 기대가 있습니다. 인천공항이 가진 물류·여객 네트워크, 공항운영 능력 등을 남북 모두에게 도움이 될 수 있는 방향으로 활용해야 한다는 의견이 있습니다.

Q. 향후 남북 교류와 관련해
인천은 어떤 역할을 할 수 있을까요?

A. 결국은 남북관계 개선이 선행돼야 가능할 것입니다. 그러나 사전에 준비하는 것도 중요한 일입니다.

인천시는 2021년에 인천공항을 대북교류 거점으로 육성하는 방안을 연구했습니다.

인천시는 이 연구에서 남북 협력이 재개되고, 북한 영공을 통과할 수 있게 되면 항공사의 운영 효율성이 좋아질 것으로 예측했습니다. 현재 인천공항을 운항하는 항공기는 모두 북측의 영공을 피해서 운항해야 합니다. 이 때문에 운항 시간이 길어지고, 연료 소모가 많습니다. 관계 개선이 이뤄지면 이러한 비효율을 줄일 수 있는 것입니다.

또 인천공항의 항공 네트워크를 북측이 활용하는 방안도 제시됐습니다. 중국도 국제선 네트워크가 많지 않기 때문에 인천공항을 거쳐 미국이나 유럽으로 가는 경우가 많습니다. 여객이나 화물 모두 마찬가지입니다. 마찬가지로 북측의 평양순안공항, 삼지연공항 등을 인천공항과 연결하면 북측의 항공 네트워크가 확대되는 효과가 있을 것으로 예상했습니다. 또 인천공항과 북한 공항과의 정기항로를 연결하는 방안도 제시됐습니다.

인천시는 직접적으로 남북관계를 개선할 수 있는 권한이 없습니다. 그럼에도 불구하고 접경지역을 포함한 인천 지역의 중요성은 작아지지 않습니다. 또 북측과 가까우면서도 인천항·인천국제공항과 같은 인프라를 구축하고 있다는 점은 향후 관계 개선이 이뤄졌을 때 그 역할이 커질 것으로 예상됩니다. 그러한 측면에서 평화가 담보됐을 때를 미리 준비하는 것은 긍정적인 측면이 크다고 생각됩니다.

Q. 인천공항공사는 쿠웨이트와 인도네시아 등 세계 곳곳에 인천공항을 '수출'하고 있습니다. 이와 같은 해외진출사업의 대상이 북측이 될 수도 있을까요?

A. 가능한 일입니다. 다만 지금은 그 시기가 언제가 될지는 알 수는 없습니다. 또 그것이 이뤄지지 않을 수도 있을 것 같습니다.

인천공항의 운영능력 등은 전 세계가 인정했습니다. 세계 공항서비스평가에서 12년 연속 1위를 달성했습니다. 또 쿠웨이트와 인도네시아 공항운영 사업권을 따내기도 했습니다. 단순히 좋은 평가를 받는 것을 넘어 자국의 공항운영을 맡길 수 있을 정도로 신뢰를 확보한 것입니다. 동남아시아, 유럽 등은 경쟁적으로 공항을 개발하고 있습니다. 글로벌 교류 측면에서 공항의 역할은 앞으로 더 커질 것이기 때문입니다.

북측은 지금은 닫혀 있는 상태입니다. 인천·물적 교류가 제한적입니다. 이 때문에 공항이 있지만, 시설 수준은 낙후돼 있을 것이라는 것이 여러 전문가의 견해입니다. 북측이 새로운 공항을 건설할 때, 인천공항이 역할을 한다면 좋은 시너지 효과를 낼 수 있을 것으로 전망합니다. 다만 이는 신뢰 회복을 토대로 한 남북 협력 재개, 남측의 지원, 국민의 공감대 등이 모두 전제돼야 가능할 것입니다. 그럼에도 불구하고 그러한 상황이 너무 멀지 않은 미래에 올 수도 있습니다.

1999년까지 남북은 일부 화물이 오고 간 것을 제외하고는 교류가 거의 없었습니다. 그러다 2000년 6·15 남북 공동 선언이 이뤄지고, 2003년엔 금강산 여행을 자유롭게 오갈 정도로 관계가 급속도로 좋아진 전례가 있기 때문입니다.

인천 물류 공부

인천항에서
인천공항까지

초판 1쇄 발행 2023. 2. 27.
2쇄 발행 2023. 3. 31.

지은이 정운
펴낸이 김병호
펴낸곳 주식회사 바른북스

편집진행 김주영
디자인 김민지
표지 디자인 배수림

등록 2019년 4월 3일 제2019-000040호
주소 서울시 성동구 연무장5길 9-16, 301호 (성수동2가, 블루스톤타워)
대표전화 070-7857-9719 | **경영지원** 02-3409-9719 | **팩스** 070-7610-9820

•바른북스는 여러분의 다양한 아이디어와 원고 투고를 설레는 마음으로 기다리고 있습니다.

이메일 barunbooks21@naver.com | **원고투고** barunbooks21@naver.com
홈페이지 www.barunbooks.com | **공식 블로그** blog.naver.com/barunbooks7
공식 포스트 post.naver.com/barunbooks7 | **페이스북** facebook.com/barunbooks7

ⓒ 정운, 2023
ISBN 979-11-92942-35-3 93530